U0010583

睫角守宮

亞當‧布雷克（Adam Black）◎著

蔣尚恩◎譯

晨星出版

目錄

我為美味鼠股份有限公司（The Gourmet Rodent, Inc.）的老闆比爾·布蘭特和瑪西亞·布蘭特工作的十年，是很美好的學習經歷。從一開始身為作業員獲得無可取代的知識，到後來晉升為世界上最大的爬蟲繁殖機構之一的管理職，讓我有機會完成這本書，我非常感謝比爾和瑪西亞在寫書期間給我的支持鼓勵。

　　除了美味鼠的老闆之外，其他的員工夥伴們也給予我極大的幫助，感謝麥特·史汀，他負責管理大型睫角守宮園以及讓所有事情順暢運作的團隊，除了讓我每天的工作輕鬆許多之外，他還幫忙找到許多特殊的個體用於拍照，以及提供他近距離接觸睫角守宮的個人經驗。還要謝謝麥可·雷曼，我的共同經理人，在我寫這本書的手稿時給予我大力的支持。

特別感謝美味鼠的前經理喬·海迪克。喬在我們開始打造睫角守宮園時帶領我認識睫角守宮的生物學和飼養,並且在他升職之後還是持續幫助我完善本書中的內容。他淵博的爬蟲生物學、人工飼養和獸醫技術知識是無價之寶。

給我的兄弟,傑西·布雷克,他年輕時對於爬蟲類的興趣顯然影響了我,無疑鞏固我在爬蟲飼育的前途。給我的母親還有最近過世的父親,他們永遠都全力支持我的興趣。

最後同樣重要的,我的妻子蘇珊,還有兒子泰勒,容忍我整夜打字。非常感謝蘇珊在我寫書時各方面的鼓勵與幫助。

過去二十年來，飼養爬蟲類的風氣蓬勃發展，早年在寵物店販賣的爬蟲類主要是野外捕捉、帶有寄生蟲的個體，而且對於正確的照顧方式了解甚少，極少獸醫師懂得爬蟲用藥，因此大多數爬蟲和兩棲類都活不久。

隨著時間過去，兩棲爬蟲愛好者有了長足的進展——為了誘發人工環境的繁殖行為，建造半自然的飼養環境，剛好人們的環境保育意識日漸提高，開始關心棲地破壞以及物種滅絕的議題，人工繁殖的個體更健康，且沒有寄生蟲，開始比進口的個體更受歡迎，此外，一旦人工繁殖的數量足夠，原生族群就不會受到剝削。

隨著越來越多人投入繁殖各種爬蟲類，開始出現新的顏色變異，互相混合之後，創造出自然環境中不會出現的美麗色彩。一些物種因其易於飼養、穩定的個性、繁殖容易以及多樣的顏色和花紋變化，而受到大家的喜愛。新物種開始出現在市場上，有些順利成為熱門寵物，以蜥蜴來說，豹紋守宮（*Eublepharis macularius*）襲捲整個爬蟲圈，被認為是最完美的寵物蜥蜴，不久後，鬃獅蜥（*Pogona vitticeps*）現身與豹紋守宮一較高下，雖然

兩者相差甚遠，但鬃獅蜥也有資格冠上最完美寵物蜥蜴的頭銜。

在豹紋守宮和鬃獅蜥的全盛時期，有種蜥蜴成為少數專精玩家的新寵兒，展現出勢在必得的氣勢角逐「最棒的寵物蜥蜴」寶座，那就是睫角守宮。與另外兩位相較起來，睫角守宮（*Rhacodactylus ciliatus*）長的最像外星生物，色彩非常多變而且很容易飼養，此外，睫角守宮也易於繁殖，雌守宮每季能產好幾窩蛋。

睫角守宮才剛在新喀里多尼亞群島的熱帶雨林中被重新發現，過去好幾年一直被認為已經滅絕了。由於本種的稀有性和獨特性，以及讓人無法抵抗的魅力，剛開始的人工繁殖個體售價高昂，但隨著越來越多人發現繁殖睫角守宮其實很容易，人工繁殖的幼體越來越普遍，售價也跟著下滑。就連對爬蟲類有障礙的人，都會被這些奇怪又討喜的小動物所吸引。

如今睫角守宮仍然炙手可熱，而且不再只能從特殊繁殖者手中購買，許多當地的寵物店也都備有現貨。隨著繁殖越來越多，大膽的新色和花紋也會持續出現，睫角守宮和其他多趾虎屬（*Rhacodactylus*）的前途一片光明，牠們高漲的人氣以及普遍的人工繁殖，有助於確保這些獨特的動物不會走向滅絕。

第一章

自然史

雖然幾乎所有睫角守宮及其他多趾虎屬守宮都是人工繁殖的,但不能將牠們當作家畜看待,因為牠們仍保有原始的本能,跟其他爬蟲類以及野生動物一樣,這些守宮已適應了一些特定的環境條件,了解牠們的自然史將有助於你更清楚守宮的行為和環境需求。

睫角守宮和其他多趾虎屬守宮棲息在新喀里多尼亞溫暖潮濕的森林中。

棲地及分布範圍

新喀里多尼亞（New Caledonia）是澳洲東北方的一小群島嶼，大約在澳洲和斐濟中間，美拉尼西亞人長期居住在島上，現在是法國的領地，陸域面積全部加起來比紐澤西州稍小一些。新喀里多尼亞就位在南回歸線往北一點點，因此島上受到東南季風影響，屬於潮濕的熱帶氣候。

新喀里多尼亞的主島名為格朗德特爾（Grande Terre），是條狹長型的陸地，中央的山區形成島嶼的背脊，外圈則是海岸平原，格朗德特爾島的南邊是松樹島（Ile des Pins 或 Isle of Pines），顧名思義島上有大量的松樹。此兩個較大的島周邊散布許多小島，其中很多島上也棲息著多趾虎屬守宮。羅雅提群島（Loyalty Islands）是另外一群在東北邊的島嶼，但是沒有多趾虎屬守宮棲息。

已知睫角守宮棲息在格朗德特爾島南邊三分之一的區域，還有獨立族群棲息在松樹島及周邊一座小島上。睫角守宮居住在原始森林裡，以樹棲方式生活，特別是在小棵的樹和大型灌木叢上，牠們是夜行性動物，在夜間活動，白天則蜷曲在樹葉上。其他物種與睫角守宮共存在同個範圍及棲地，但有些居住在格朗德特爾島其他沒有發現睫角守宮的區域。

多趾虎屬裡的「巨人守宮」

多趾虎屬的成員常被統稱為「巨人守宮」，但這個名字未必適合本屬的六個物種，最大的物種巨人守宮（*Rhacodactylus leachianus*），同時也是現存守宮中體型最大者，體長可達 17 英吋（43.2 公分），本屬第二大的物種是粗吻巨人守宮（*Rhacodactylus trachyrhyncus*），可以

巨大的守宮們

雖然巨人守宮（*R. leachianus*）被認為是現存體型最大的守宮，但紐西蘭原生的杜歐高武趾虎（*Hoplodactylus delcourti*）仍有可能還存在，這種巨型守宮的總長至少有 20 英吋，除非發現更多活著的個體，不然本種推定已滅絕，少數幾個保存在博物館裡的標本就是我們對這種守宮所知的一切了。另外還有幾種大型守宮接近巨人守宮的體型，包括馬達加斯加葉尾守宮（*Uroplatus fimbriatus*），以及大守宮（*Gekko gecko*），兩者總長皆可達 14 英吋。

長到 13 英吋（33 公分），其餘的物種體長平均介於 8 ～ 10 英吋（20.3 ～ 25.4 公分）之間。

多趾虎屬的成員只出現在新喀里多尼亞，除了體型不同之外，外表也非常多變，共同的特徵是尾巴末端呈扁平狀，底側有具吸附功能的皮瓣（Lamellae，一連串的薄片狀物），與牠們腳趾底的構造很類似，這根「額外的指頭」配上可以彎曲纏繞的尾巴，讓守宮們能在植物間穿梭，多趾虎屬物種的另一個俗名是捲尾守宮（Prehensile-tailed gecko），比巨人守宮形容得更精準。

全部的巨人守宮都是雜食性動物，植物和動物都吃，幾乎所有牠們能抓到的動物都會吃，包括昆蟲、蜘蛛、蝸牛，甚至是小蜥蜴、鳥類和鼠類，有些甚至會發生同類相食，吃掉同種類更年幼、更小的個體，牠們也吃軟質的水果，包括當地原生無花果樹的果實，以及其他原生的莓果，牠們也會以花朵及其含有的花蜜和花粉為食，很有可能是某些植物的授粉者。

新喀里多尼亞的巨人守宮很可能是現存最大型的守宮，偶爾有個體的長度可以達到 17 英吋（43.2 公分）。

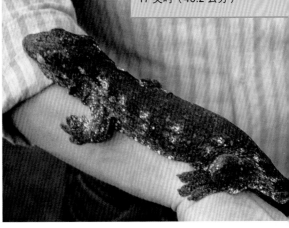

六種多趾虎屬守宮中有五種屬於卵生，只有粗吻巨人守宮（*Rhacodactylus trachyrhyncus*）不同於其他種是胎生，直接產下胎兒。卵生的種類一般每窩產兩顆蛋，而胎生的粗吻巨人守宮每次生產兩個寶寶。

　　全部的種類都是樹棲型，大半生都住在樹上，多個物種可能會共用同一片森林，但不同種可能棲息的高度不同。巨人守宮（*R. leachianus*）和粗吻巨人守宮（*R. trachyrhynchus*）偏好雨林的樹冠層，而睫角守宮（*R. ciliatus*）、魔物守宮（*R. chahoua*）和薩拉辛守宮（*R. sarasinorum*）則喜歡樹的中下層，蓋勾亞守宮（*R. auriculatus*）似乎偏好不同的環境，比較常在乾燥的開闊林地或灌木叢中的低矮植物間找到牠們，然而有時也會出現在雨林裡。

睫角守宮傾向棲息在灌木叢以及低矮的枝條上，而非高高的樹冠層。

分類

　　從 1758 年卡爾‧林奈開始一直到今天，分類學是生物學的領域之一，試圖將所有生物利用相似的特徵分門別類，找出演化上的關係。

睫角守宮的分類階層如下：

> 界：動物界 Animalia（動物）
>
> 門：脊索動物門 Chordata（具有脊髓）
>
> 亞門：脊椎動物亞門 Vertebrata（具有脊椎）
>
> 綱：爬蟲綱 Reptilia（爬蟲類）
>
> 目：有鱗目 Squamata（蛇和蜥蜴）
>
> 亞目：蜥蜴亞目 Sauria（蜥蜴）
>
> 下目：壁虎下目 Gekkota（守宮）
>
> 科：澳洲蜥虎科 Diplodactylidae（澳洲和大洋洲的守宮）
>
> 屬：多趾虎屬 *Rhacodactylus*[※]
>
> 種：睫角守宮 *ciliatus*

這樣的分類系統仍有討論空間，取決於研究者的觀點，持續研究本屬以及近緣物種將可以證明或否定目前的分類模式，舉例來說，多趾虎屬以前含括在壁虎科之下，但現在普遍認為應該屬於澳洲蜥虎科，雖然反對者大有人在。

每個被科學家所描述的動物都會得到學名，通常是用拉丁語命名，學名包含屬和種，書寫時用斜體表示，屬名的首位字母要大寫，種名的首位字母為小寫。

俗名通常用於學術界以外，科學上不使用俗名的原因是各地的俗名不同，會造成不同地方的科學家互相誤會。當然，俗名好記多了，通常是用當地的語言描述。睫角守宮一開始的名字叫做「吉許努巨守宮（Guichenot's giant gecko）」，一旦在爬蟲玩家之間流行起來，就會冒出更多名字，像是睫毛守宮（Eyelash gecko）、冠毛巨守宮（Crested giant gecko），以及新喀里多尼亞冠毛守宮（New Caledonian crested gecko），但只有睫角守宮（Crested gecko）這個名字被爬蟲圈廣為接受。

※ 編註：近期睫角守宮又改為睫角守宮屬 *Correlophus*。

學名的涵義

1866 年法國博物學家吉許努（Guichenot）首次描述睫角守宮，並將牠命名為 *Correlophus ciliatus*，不久後被歸類到多趾虎屬（*Rhacodactylus*），但種名維持不變。*Rhacodactylus* 這個字很有趣，意思是「有軸或脊椎的指頭」，最有可能是跟牠們腳趾的形狀有關。牠們的腳趾實際上是纖細的，從趾底平坦的吸附趾墊上（toe pad）明顯突出，讓每根腳趾看起來有一道稜脊或「脊椎」。種名 *ciliatus* 意思是「睫毛或毛髮狀的」，當然就是在描述兩道尖刺狀的鱗毛，組成「睫毛」並且往後延伸到頭部、脖子和背上。

多趾虎屬總共有六個種，分別是蓋勾亞守宮（*Rhacodactylus auriculatus*，Gargoyle gecko）、魔物守宮（*R. chahoua*，Bavay's giant gecko 或 Mossy prehensile-tailed gecko）、睫角守宮（*R. ciliatus*，Crested gecko）、巨人守宮（R. leachianus，giant gecko）、薩拉辛守宮（R. sarasinorum，Roux's giant gecko 或 slender prehensile-tailed gecko）以及粗吻巨人守宮（R. trachyrhynchus，rough-snouted gecko）。

其中兩種又根據外觀或習性明顯的不同各自分成兩個亞種，巨人守宮的亞種是 *R. leachianus leachianus* 和 *R. leachianus henkeli*，粗吻巨人守

宮也劃分為兩個亞種：*R. trachyrhynchus trachyrhynchus* 和 *R. trachyrhynchus trachycephalus*，隨著研究越來越多，可能還會有其他亞種出現。

睫角守宮有時又被稱作睫毛守宮，因為眼睛上方的鱗毛就像睫毛一樣。

睫角守宮：發現與研究

在 1866 年吉許努正式描述睫角守宮之後，仍然沒有針對本種在原生棲地的詳細研究。隨著時間過去，依然沒什麼人把睫角守宮

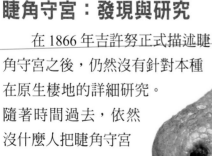

放在心上，直到最近飼養爬蟲的風氣開始盛行，歐洲飼主開始研究少量進口的多趾虎屬守宮，漸漸地美國飼主也跟上腳步，然而這時睫角守宮仍未被重新找到，也未在寵物市場上出現。回到新喀里多尼亞，搜尋博物館裡的標本當初被發現的地方，也未能找到任何個體。由於很長一段時間都沒有消息，有些人認為睫角守宮可能因為人類在島上的活動而滅絕了。

兩爬

整本書裡面你會一直看到兩爬（Herp）這個詞，指的是爬蟲類和兩棲類，Herp源自 Herpetology 這個字，就是兩棲爬蟲學，當提到飼養兩棲爬蟲這個興趣時，可以稱為 Herp hobby，Herpetoculture 是指飼養及繁殖兩棲爬蟲類，Herper 是參與兩棲爬蟲飼養繁殖的人（又叫做 Herp hobbyist）。

接著 1994 年由威爾罕·漢科與羅伯特·賽普所帶領的探險隊，在格朗德特爾東南邊的松樹島找到了活的睫角守宮，讓島上的紀錄多添一筆，菲利浦·迪·沃斯朱里與法蘭克·菲斯特也找到了睫角守宮，並且合法地帶了一些回美國。走私者找到機會，非法地將更多睫角守宮運出新喀里多尼亞，成為了現今市面上睫角守宮們的祖先。近期又在格朗德特爾南邊三分之一處的數個地點發現睫角守宮。

早期睫角守宮的價格非常昂貴，但有意繁殖這個新品種蜥蜴的人發現牠們非常容易照顧，而且繁殖能力強，加上牠們外星生物般的外表以及豐富多變的顏色，很快地就讓爬蟲圈為之瘋狂。隨著產量越來越多，價格也隨之下降，開始出現各式各樣的色彩和花紋組合，有些成為選育繁殖的方向，讓睫角守宮更加受歡迎，很快地，商業繁殖和守宮玩家每年共可以產出數以萬計的睫角守宮。

睫角守宮的特色

成體睫角守宮身體厚重飽滿，頭部比例很大，腿部粗壯結實，沿著大腿後方的一層皮膚讓腿看起來比實際上更粗，頭部在眼睛後方的部分明顯變寬，接近寬的三角形，更凸顯出棘刺狀的鱗毛，每隻個體的頭寬

頭上和脖子上的冠毛造就睫角守宮這個俗名，圖中是一隻紅色大麥町睫角守宮。

和整體重量似乎都不同，跟其他蜥蜴不一樣，無法作為性別判定的指標。

冠毛

　　睫角守宮之所以如此受歡迎，一部分要歸功於牠特殊的外表，最顯而易見的特徵就是造就牠俗名的一對冠毛。這對冠毛是皮膚稜脊表面上尖尖的鱗毛，從眼睛上方開始，延伸到寬廣的三角形頭冠，並往下到頸部後方。冠毛通常到上背部就會消失，然而有些個體會延伸到尾巴基部。眼睛上的鱗毛讓睫角守宮看起來就像有睫毛一樣，因而得到另一個俗名——睫毛守宮。有些個體眼睛上的鱗毛會向上翹，有些個體則是會向外翹，刺狀的冠毛加上又大又寬的頭，可能有讓守宮在掠食者眼裡看起來不好吃的功能，雖然這僅止於猜測。

腳趾

　　睫角守宮擁有多個適應演化以利牠們在樹林間攀爬，跟其他攀爬型守宮一樣，多趾虎屬守宮的腳趾底下有特化的趾墊，趾墊由具有百萬根纖毛狀結構的皮瓣組成，在原子的交互作用下，讓守宮有吸附物體的能

力，甚至能讓守宮輕易地攀爬光滑的表面，例如玻璃。腳趾之間也有皮膜，末端有小爪子。有些飼主讓睫角守宮攀爬在皮膚上時會引起發炎，是因為皮瓣和爪子吸附在皮膚上的方式所導致，只會有輕微的不適而且不會持續太久。

感官

　　新喀里多尼亞守宮們又大又圓的眼睛是為了適應夜行性生活所演化而來，垂直的瞳孔可以隨光線強度擴張，在高強度的光線下，瞳孔會縮成一條縫，將進入眼睛的光降至最低，在黑暗中守宮的瞳孔會擴得很開，仔細察看虹膜會發現微血管和色素沉澱的複雜過程。

　　睫角守宮的味覺非常發達，以至於有些個體似乎會特別偏好某些口味的水果泥，一般推測睫角守宮會運用嗅覺尋找水果作為食物，大大的眼睛善於偵測動作，這就是為什麼牠們會熱切地追捕像蟋蟀一樣快速移動的昆蟲，而經常忽略移動緩慢的麵包蟲的原因。

　　睫角守宮具有一對耳孔在頭部兩側，裡面是接收聲音震動的鼓膜。有研究報告指出睫角守宮會發出聲音，但並不常見，通常只會發生在打架的時候。睫角守宮絕對不屬於那些以聲音為主的守宮，例如大守宮。

　　當守宮在探索新領域時，常會用舌頭舔舐行走的表面，多半是為了要接收附近其他守宮留下來的化學訊息，並且利用這些費洛蒙線索尋找潛在的交配對象、依循常用的路徑以及迴避敵對雄性的領域。

　　多趾虎屬守宮跟其他許多爬蟲類一樣，上顎具有高度發展的鋤鼻器（Jacobson's organ 或 vomeronasal organ），用來感測環境，功能類似嗅覺或味覺。常常可見守宮舔舐周圍的東西，尤其是剛到新環境時。當

牠們的舌頭接觸到物體表面時，會附著多種氣味分子，接著舌頭縮回口內，鋤鼻器就可以分析帶回來的分子。鋤鼻器可以辨識某些「氣味」，例如附近潛在交配對象的費洛蒙、敵對雄性留下的標記，以及可能有辦法辨識潛在掠食者、食物等等。

由於多趾虎屬守宮沒有眼瞼（圖中是一隻巨人守宮），因此牠們必須用舌頭清潔眼睛。

尾巴

　　睫角守宮的尾巴具有一定程度的抓握能力，能夠抓著樹枝穩定身體。尾巴末端的底部是一層皮瓣，跟腳趾的構造很像，在把玩睫角守宮時可以清楚地感受到尾巴的黏著能力。

　　許多守宮具有膨大的尾巴作為儲存脂肪的地方，但睫角守宮不會在尾巴儲存太多脂肪，相較其他守宮，睫角守宮的尾巴纖細許多。

　　睫角守宮非常容易失去尾巴，被人粗魯地把玩、抓住尾巴以及繁殖都可能會造成斷尾。除了外力造成斷尾之外，睫角守宮覺得受威脅時能夠自願性地斷尾，斷尾又稱為自割

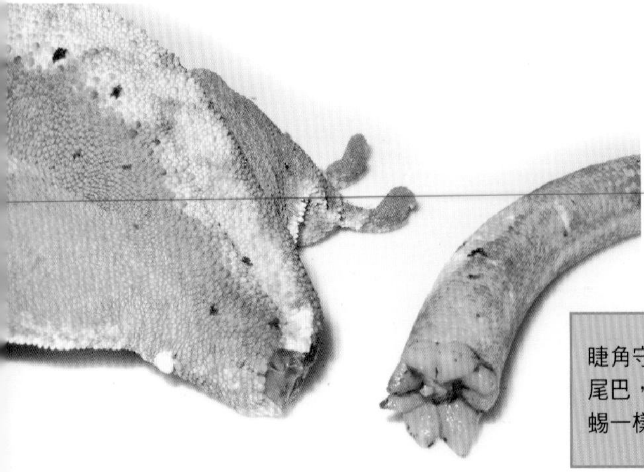

睫角守宮很容易失去尾巴，但不像其他蜥蜴一樣會長回來。

睫角守宮有能力從樹枝或人手上跳下而不會受傷。為了要安全著陸，牠們的後腿之間和尾巴基部具有皮膜，跳躍時睫角守宮會將腿往外伸，展開皮膜向外滑翔，腿部的皮膜加上腳趾間的皮膜作用如同降落傘，讓守宮能輕柔地著陸。當睫角守宮靜靜地坐在某人的手上時，會趁人類沒有防備的時候縱身躍下。

（autotomy）。許多其他種類守宮的每塊尾骨之間具有斷面，讓牠們可以輕易分離尾巴，而不會整條尾巴都掉下來，失去的尾巴末端會慢慢長回。睫角守宮只有尾巴基部一個斷面，且沒有再生能力，觀察紀錄顯示，只有極少數的野生睫角守宮保有完整無缺的尾巴，然而以飼養來說，大多數人還是喜歡尾巴完整的個體。

擁有捨棄整條尾巴的能力卻又無法再生，讓人不禁疑惑為何存在這樣的機制。對於其他會再生尾巴的守宮來說，牠們一輩子中有很多利用斷尾躲避敵人的機會，但睫角守宮只有一次機會，用完就沒有了。有一種猜測認為，尾巴的用途只是在瘦弱的幼年期用來保持平衡，成年之後身體變得結實，就不是那麼必要了。尾巴上具有皮瓣很明顯是用來攀附樹枝，代表尾巴至少在其生命中某個時期能夠發揮功能。

有必要更進一步研究尾巴除了平衡和斷尾防禦以外的功能，可能會對人工飼養個體的常見疾病成因有更深入的了解，尤其是骨盆扭轉、尾巴扭轉以及垂尾症（Floppy tail syndrome），這類疾病常常被歸咎於營養問題，但一直沒有獲得證實。

嘴巴

睫角守宮的嘴巴比其他體型相近的守宮相對大很多，上下顎排列著許多小牙齒，大小都差不多，牠們會用嘴巴咬當作防禦，但對於人類來說只是感覺被捏一下，大概連破皮都不會有。

睫角守宮和其他守宮腳趾上的皮瓣讓牠們幾乎可以攀爬在任何表面，包括玻璃。

吃皮的守宮

看到你的睫角守宮嘴角咬著一片皮時不用感到驚訝，許多守宮，包含新喀里多尼亞守宮們，都有在蛻皮後或過程中吃掉舊皮的習慣。有許多理論解釋這項行為，最廣為接受的兩個理由是：守宮可以回收一些營養，以及避免被掠食者發現蹤跡。

體型

一隻發育完全的成體睫角守宮全長包含尾巴（如果有的話），可達 8 ～ 9 英吋（20.3 ～ 22.9 公分）；不算尾巴，體長（吻肛長）大約是 4.5 英吋（11.4 公分）。體重可達 2.3 盎司（65 公克），但大多數平均體重不會達到。睫角守宮寶寶出生時全長大約 3 英吋（7.6 公分），體重大約 1/20 盎司（1.5 公克）。

皮膚

睫角守宮的皮膚覆蓋一層細小的顆粒狀鱗片，雖然成體的皮膚常常看起來很粗糙，但實際上摸起來非常光滑柔順，甚至頭上的棘狀鱗毛也一點都不尖銳。雖然皮膚不厚，但足夠堅韌可以抵擋擦傷。

跟其他爬蟲類一樣，多趾虎屬守宮需要脫掉舊皮才能長大，這個過程稱為蛻皮（ecdysis）。當守宮準備要蛻皮時，老舊的皮膚外層會與底部的新皮膚分離，讓守宮變成黯淡、有點乳白色的顏色。接著牠會開始用嘴巴和腳把皮撕下，並且把皮吃掉。吃掉舊皮最主要的目的可能是一種防禦策略，如果留下舊皮，可能就會讓掠食者有跡可循。

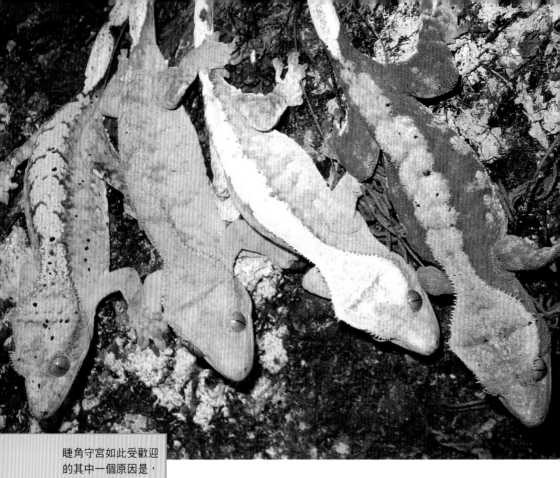

睫角守宮如此受歡迎的其中一個原因是，牠們的顏色和花紋有很大的變異性。

顏色　睫角守宮皮膚的另一個特色是多變的花紋和色彩。顏色範圍可以從暗褐色或灰色到黃色或紅色等出乎意料的明亮色。有些個體只有單一顏色，而其他則可能有較淺顏色的花紋或色斑。這些高對比的淺色塊通常會讓冠毛更顯眼，在上背部冠毛開始減少的地方，會有一條淺色的破碎寬紋帶一路沿著背部延伸到尾巴，而缺乏花紋的個體通常在尾巴上面也會有淺色的色塊。兩種類型（爬蟲玩家一般稱之為「變異（morphs）」）都可能會在後腿皮膜的邊緣及尾巴基部兩側被稱為肛後疣鱗（Postanal tubercle）的大型凸起上，有淺色紋路。有時也會出現深色圖案，尤其是像大麥町品系一樣，黑點隨機散布在全身，甚至出現其他細緻的圖案，包括背上或側邊的波浪狀紋路。

基本的紋路和顏色創造出各式各樣的組合，並且透過人工選育繁殖持續發展出新的組合。絕大多數在野外觀察到的睫角守宮都介於暗褐色到黃色之間，帶有一點點花紋。至於同種的外表變異如此多樣（稱為「多型性（polymorphism）」）的原因仍然所知甚少，不清楚是否不同顏色的個體會出現在不同地點。所有顏色和花紋似乎都是很有效的偽裝，能讓牠們在自然棲地裡將自己融入地衣和苔蘚覆蓋的樹皮裡。

　　睫角守宮成體和幼體的顏色、花紋常常天差地遠，剛出生時的顏色通常比之後成年的顏色還要黯淡許多。

　　花紋通常從一開始就很明顯，但是會隨著守宮年齡增長而逐漸增強，尾巴表面上的淺色花紋通常是幼體顏色對比最明顯的地方。

　　除了看似永無止盡的顏色變異之外，每隻睫角守宮都能依照牠的心情變換顏色，顏色和花紋變化的程度並不會像變色龍或綠變色蜥那麼劇烈；比較像是將原本的顏色變淡或變深。晚上的守宮可能和白天時看起來截然不同，睫角守宮在白天或是比較明亮的環境時，通常會呈現黯淡不吸引人的體色，到了晚上牠們開始活動時則相反。短暫暴露在光線下會讓牠們變回白天的顏色。而緊迫的守宮很顯然地不會展現出明亮的顏色。目前仍不清楚顏色變換是否可以用來與其他守宮溝通，或者守宮是否可以有限度地改變自身顏色以融入背景。某些變異種在白天的顏色或其緊迫色可能比夜晚色還更有趣。顏色和守宮的性別沒有相關性。

習慣與行為

　　跟所有多趾虎屬守宮一樣，睫角守宮是夜行性動物，牠們白天時會待在樹上，蜷縮在葉子裡，與其他白天時喜歡躲在樹洞裡的多趾虎屬守宮不同。典型活動如覓食和繁殖都在晚上進行。睫角

壽命

睫角守宮的典型壽命未知，根據相近物種的人工飼養壽命推測，給予適當的照顧至少可以活二十年，由於本種守宮從有人工飼養至今只有十年，因此只有時間能證明一切了。

22

睫角守宮的人工飼養
壽命仍然未知，因為
最早的人工飼養是從
1995 年才開始。

守宮在原生環境的掠食者包括比較大的多趾虎屬
守宮，並可能包括一些掠食性鳥類。

尚不知道睫角守宮是否會曬太陽，大部分夜
行性蜥蜴不會曬太陽，但是牠們白天在樹葉間的生活方式讓牠們有機會
暴露在陽光的 UV-B 下，UV-B 是紫外線的一種，已知對於多種爬蟲類
的鈣質代謝很重要。

有些守宮會藉由行為調節溫度，牠們會依需求自行移動到溫暖或涼
爽的區域，由於睫角守宮原本就不會經歷極端的溫度變化，而且整年的
溫度都維持在可接受的範圍，因此牠們不需要曬太陽獲得熱能，最多只
會因為太熱而躲避曝曬的區域。

雄性與雌性

兩性結構上的差異，又稱為雌雄二型性（sexual dimorphism），只
在成熟個體上看得到。成熟雄性最明顯的特徵是尾巴基部下面有一對凸
起，稱為半陰莖隆起（hemipenal bulges），不交配時用來容納一對摺

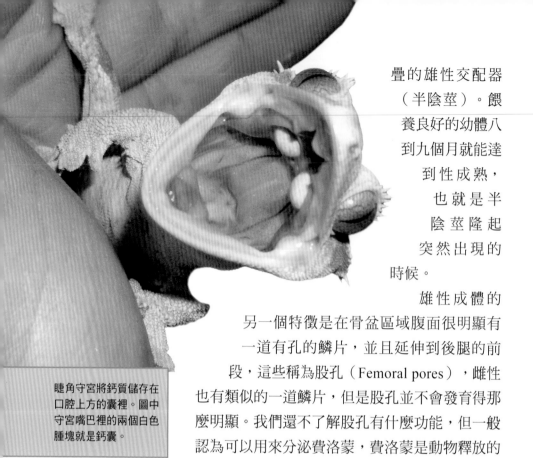

疊的雄性交配器
（半陰莖）。餵
養良好的幼體八
到九個月就能達
到性成熟，
也就是半
陰莖隆起
突然出現的
時候。

雄性成體的
另一個特徵是在骨盆區域腹面很明顯有
一道有孔的鱗片，並且延伸到後腿的前
段，這些稱為股孔（Femoral pores），雌性
也有類似的一道鱗片，但是股孔並不會發育得那
麼明顯。我們還不了解股孔有什麼功能，但一般
認為可以用來分泌費洛蒙，費洛蒙是動物釋放的
化學訊號，通常作為吸引異性的用途，但也有可

睫角守宮將鈣質儲存在
口腔上方的囊裡。圖中
守宮嘴巴裡的兩個白色
腫塊就是鈣囊。

能用來標記領域。睫角守宮經常舔舐行經
的表面，可能就是可以藉由股孔的分泌物
來辨識附近的潛在配偶或競爭者。

　　許多種守宮的尾巴基部兩側有一對小
腫塊，稱為肛後疣鱗，許多種守宮雄性的
疣鱗比雌性的大很多，又是另一個雌雄二
型性的例子。這項特徵通常在半陰莖隆起
前、股孔尚未發育時的幼年期較明顯，因
此有些繁殖者會用來分辨幼體的性別。然
而，雖然睫角守宮有疣鱗構造，但其大小
和性別沒有相關性，因此並不是用來鑑別

鈣質儲存

從食物裡獲得的多
餘鈣質會儲存在內
淋巴囊，很輕易就能在守宮
嘴巴裡看到，看起來像一對
白色腫塊。當身體需要時就
會利用這些儲存的鈣質，鈣
囊對雌性產蛋前的蛋殼發育
特別重要。

幼體性別的可靠方式。睫角守宮也無法用體型來分辨性別，雖然有些守宮的雄性會比雌性強壯，但不適用於睫角守宮。

睫角守宮的繁殖是季節性的，通常發生在溫暖、乾燥的南半球夏天，從十一月到隔年四月這段期間的平均溫度是 80 ～ 85 ℉（26.7 ～ 29.4℃），而且很少下雨，五月到十月是冬天，降雨頻繁且溫度較低，平均 65 ～ 70 ℉（18.3 ～ 21.1℃）。

雌性多趾虎屬守宮跟其他許多守宮一樣，交配之後能夠儲存精子至少數個月，這個機制讓牠們可以控制受精的時機，但完整的原因尚不清楚。蛋會產在腐木、樹洞或其他能夠保持濕潤的有機碎屑中。

保育

由於人類改變了棲地，大多數新喀里多尼亞獨特的動植物現在都成了高度受威脅的物種，多趾虎屬的全部成員也不例外。採礦活動、農業、森林火災和水土流失都對於牠們的棲地產生負面影響，事實上剩下的原始森林已經很少了，外來物種，例如豬、老鼠、貓和狗，都直接或間接地影響脆弱的守宮棲地，外來紅火蟻在世界各地都是一個極大的威脅，多趾虎屬守宮也沒能倖免，一窩外來紅火蟻就可以輕易殺死一隻成體守宮。

必須要經過正當的授權程序才可以合法進口多趾虎屬守宮，通常是科學研究用途而非供應寵物市場用，幾個物種很明顯有走私進口，但無論如何都不應該支持，最好拒絕野外捕捉的守宮，不論來源為何，除了可能是非法的之外，野外捕捉的個體更有可能感染寄生蟲，而且可能在經歷過被捕捉和運送到世界各地的緊迫之後，無法適應人工飼養環境。以人工飼養的多趾虎屬守宮來說，已經有足夠的基因多樣性，不需要再進口野生個體了。

第二章

睫角守宮
當寵物

當 你決定購買一隻睫角守宮作為寵
物時，應該要先確定你已經了解
並有能力可以滿足牠健康生活的
需求，並且需要了解牠們的習
性，這樣才知道如何挑選一隻適合你的守宮。

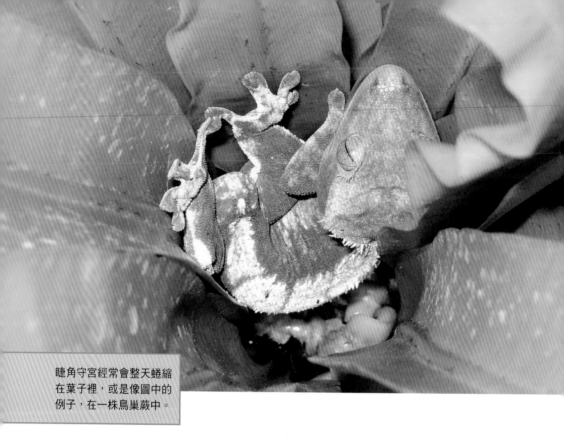

睫角守宮經常會整天蜷縮在葉子裡，或是像圖中的例子，在一株鳥巢蕨中。

重點問題

以下是幾個在你決定要買一隻睫角守宮之前要先考慮清楚的問題。

我想要一隻白天都躲起來的蜥蜴嗎？

睫角守宮是夜行性動物，雖然有時看得到，但牠們通常白天都會躲起來，入夜後才出來覓食以及尋找配偶。因此必須提供一個躲藏處，讓牠們白天時可以把自己隔離起來，為了增加能見度而拒絕給守宮一個躲藏處是非常自私的行為，會造成守宮緊迫進而影響健康，如果你想要的是一隻白天可以看到牠的蜥蜴，睫角守宮不會是個好選項。

我能夠提供適當的環境嗎？

許多熱門的寵物蜥蜴需要在籠舍裡有一個熱點或是曬台，讓牠們可

以調節體溫，睫角守宮則相反，牠們無法忍受高溫，因此不應該提供加溫燈。最適合睫角守宮的溫度是 70 ～ 80 ℉（21.1 ～ 26.7℃），高於 85 ℉（約 29℃）以上就會開始緊迫，但是牠們可以輕鬆容忍溫度短暫降到 60 ℉（16.7℃），不過持續暴露在低溫下還是會導致一些問題。

我能夠提供特殊的飲食嗎？

除了昆蟲之外，野生的睫角守宮會吃很多水果及花蜜。在人工飼養中，水果的部分通常會用水果類嬰兒副食品混和維生素粉或礦物質補充品代替，也能給予水果粉或果泥。活蟋蟀則會被睫角守宮飢渴地獵捕，提供額外營養的同時又有運動效果。

我的家人能否安全地抓著睫角守宮？

睫角守宮相對溫馴而且速度不快，不過牠們的動作有點難預測，通常睫角守宮會安靜地坐在你的手上好幾分鐘，然後突然跳下。牠們雖然看起來慢吞吞的，卻可以瞬間加速衝刺，快速消失在任何可以躲藏的地方。牠們的尾巴很容易掉落，絕對不可以從尾巴抓起或是把尾巴固定住，雖然通常斷尾的傷口很快就會復原，但還是有感染的風險；應該要盡可能避免任何傷害。許多人不喜歡失去尾巴的睫角守宮，因此尾巴斷掉的守宮價格會比較便宜，因為牠們不像其他蜥蜴一樣會長回來。

讓孩童與睫角守宮互動的時候務必要在旁監看，雖然習慣睫角守宮的行為之後是可以安全地把玩牠，但睫角守宮的忍受能力以及穩定性仍不如其他常見的寵物蜥蜴，例如豹紋守宮和鬃獅蜥。牠們很少咬人（就算咬了也不太會破皮），但是生氣的守宮更有可能引發緊迫現象，進而影響健康，所以最好把睫角守宮當成觀察的動物就好，不要拿出來玩。睫角守宮不是那種可以拿出來炫耀或是陪玩的動物，有些人因為守宮被抓的時候沒有逃跑，就覺得他們的守宮一定「喜歡我」或「喜歡被抓」，但實際上差得遠了，因為牠們並不會像貓狗一樣與飼主建立親密關係，守宮沒有表現出不舒服也不代表牠可以忍受緊迫的抓取。

沙門氏菌

跟其他爬蟲類一樣，睫角守宮也有感染沙門氏菌（Salmonella bacteria）的風險，會導致腸胃不適以及腹瀉，嚴重者甚至會死亡，因此觸摸過爬蟲類之後都應該要徹底洗手。雖然吃到生雞肉或生雞蛋而感染沙門氏菌的風險可能更高，但還是有可能被守宮感染沙門氏菌，因此應該要做好預防措施，將風險降至最低。

牠可以跟我的其他寵物蜥蜴住在一起嗎？

最好不要混養不同種的爬蟲類，住在一起的動物們會產生緊迫，很可能會爭搶食物，甚至可能會把對方吃掉或弄傷，要在同個籠子裡滿足兩種蜥蜴的不同需求幾乎是不可能的事。如果想混養不同物種的原因是不想花錢買（或沒有空間放）另一個籠子，我強烈建議你重新思考購買另一隻爬蟲動物的決定。

購買睫角守宮

在購買任何爬蟲類之前，請務必確保籠子跟所有必要設備都事先準備好了，好消息是大部分需要的用具都可以在有賣爬蟲類的寵物店買到。此外，也建議先找好何處有供應適當大小的蟋蟀，如果你附近的寵物店和釣具店沒有販售適當大小的蟋蟀，或許可以請店家幫你特別訂購，如果你在附近找不到蟋蟀，可能就需要用運送的方式。一旦籠子設置完成，並且擁有可信賴的餌料供應來源，就可以開始尋找你的新寵物了。

尋找你的第一隻睫角守宮時，儘量貨比三家，守宮的健康狀況參差不齊，根據供應商和守宮的居住環境而定。如果你向寵物店購買，試探店員是否有飼養爬蟲的正確知識，尤其是飲食和營養品的部分。很遺憾地，就算爬蟲寵物越來越熱門，但許多寵物店員工仍然無法掌握店裡每種動物的特殊需求。守宮若沒有受到正確的照顧，將會處於緊迫狀態，就算最後在你家獲得了適當的照顧，還是有可能惡化並衍生出其他健康問題。從寵物店拯救未受到良好照顧的爬蟲類並且助其康復是件值得的

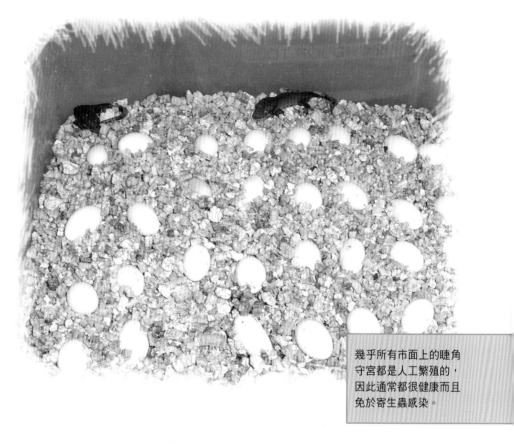

幾乎所有市面上的睫角守宮都是人工繁殖的，因此通常都很健康而且免於寄生蟲感染。

事，但不是每個人都有診斷及治療爬蟲健康問題的能力。

　　當然還是有聲譽良好的寵物店，擁有優質的爬蟲產品和知識，絕對是購買高品質動物的好地方。除了寵物店之外，也有許多商業或個人爬蟲繁殖者提供健康的動物，有些專精於睫角守宮，若向他們購買的話將有更多顏色和年齡的睫角守宮可以選擇，有些繁殖者會販售才剛破殼的幼體，省去餵養的工作，而有些繁殖者則會先把幼體養大，在賣出去之前先飼養幾個月，這樣可以確保他們的動物是健康且會吃東西的，比起購買一隻剛出生的小守宮是更好的選擇。

　　另一個購買健康睫角守宮的管道是至少每年一次在較大城市舉辦的爬蟲展，通常會有很多繁殖者供你挑選，並且很樂意分享經驗，爬蟲展是個一次逛足各式各樣廠商的好地方。

挑一隻健康的守宮

當你在挑選寵物的時候，有幾件事必須要注意，以確保你能挑選到一隻健康的守宮。光是用看的可能很難評估睫角守宮的健康程度，因此請要求把守宮抓起來近距離檢查，讓自己習慣一隻體重正常的健康睫角守宮應該長什麼樣，並以此為基準。

以下清單可以幫助你找到一隻健康的守宮。

- 確認睫角守宮的體重在可接受的範圍，一隻體重正在減輕的睫角守宮最明顯的徵兆是髖骨突出，就算身體其餘部位看起來很結實。
- 檢查守宮身上沒有外部瑕疵，例如咬痕、破皮、潰傷、擦傷等等。
- 眼睛要清澈且不能陷進頭部，瞳孔在一般室內光環境應該要形成一條窄縫，如果瞳孔在一般光線下過度擴張，守宮可能存在一些健康問題。
- 檢查耳朵、口鼻和泄殖孔是否乾淨且沒有阻塞，以及身上沒有任何舊皮附著。
- 靠近觀察皮膚上有無蟎蟲出現，特別是一些身上的死角，像是腋窩。
- 檢查脊椎、骨盆以及尾骨有無扭結彎曲，守宮要不要有尾巴取決於個人喜好，但若是沒有尾巴則要檢查斷口是否已經完全癒合。
- 抓著守宮時，用手指輕輕地沿著腹部滑過，若感覺到任何硬塊，代表可能有阻塞或是卡蛋。
- 輕柔地誘導守宮爬上你的手臂，如果牠對於攀爬或吸附在表面有困難的話，可能代表守宮有嚴重的問題。

除了守宮本身之外，也要檢查守宮的籠舍和照顧狀況，確認守宮的排泄物是健康的且成形良好——不要是液狀，確保賣家有滿足守宮的基本需求，詢問守宮吃什麼，以及給予什麼營養補充。如果你中意的守宮與其他守宮養在一起，也要檢查牠們是否健康。

如果對於守宮健康有任何疑問，請果斷放棄，不要向疏於照顧動物的賣家購買，如果守宮因賣家的不正當照顧而處於緊迫狀態，那麼牠將很可能無法承受運送和適應新環境的額外壓力。

另外還有一個管道是網路，許多繁殖者用網站販售他們的守宮，有些甚至可以看到每隻個體的照片，讓買家能選擇自己喜歡的，一些認真的睫角守宮玩家也架設了許多網站，瀏覽這些網站常常可以導引你找到高品質的網路賣家。

如果你向距離遠的賣家訂購睫角守宮，要確定賣家具備運送活體爬蟲類的正確知識。冬夏兩季運送難度高，因為包裹很可能暴露在極大的溫度變化下，對於裡面的爬蟲動物來說是致命的。有些繁殖者在這樣的天氣會使用熱敷墊和冷敷墊，但如果用法不當還是會造成傷害。睫角守宮通常會用打洞的塑膠杯運送，杯底墊一張沾濕的廚房紙巾，放入紙箱裡再用泡棉填充。爬蟲類應該要用快遞寄送，且運送時間不得超過二十四小時。

馴化

當你把新買的睫角守宮帶回家後，前面幾天最好不要上手把玩，這樣可以避免守宮受到額外的壓力，並且讓守宮習慣牠的新環境。記得要提供躲藏處，讓牠更有安全感，而且剛開始的一或兩天內要避免任何接觸，如果守宮是運送過來的，代表牠剛經歷一段非常壓迫的旅程，在長時間的運輸後，守宮會感到口渴，因此把新家加濕很重要。讓水滴附著在籠壁上或裡面的家具上，守宮才能去舔，同時也要有一個水盆，但新來的守宮會比較喜歡舔水滴。雖然牠可能會在剛抵達時吃一點東西，但如果牠拒食一兩天也不用太擔心。

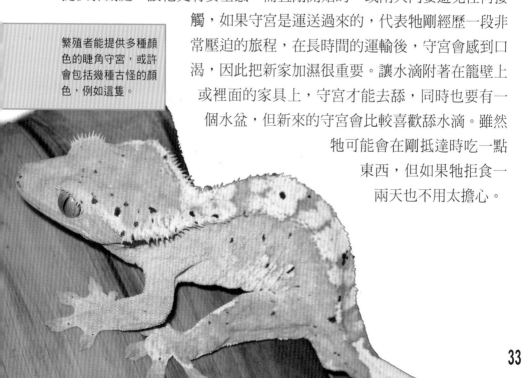

繁殖者能提供多種顏色的睫角守宮，或許會包括幾種古怪的顏色，例如這隻。

第三章

居住

為睫角守宮打造合適的家並不會太費力，可以簡單到用加蓋的塑膠整理箱鑽通風孔，或者可以是有活體植物加上瀑布的精緻生態缸。不論你最後選擇什麼類型，有幾個重點必須要注意：籠子必須要是防逃脫的、有足夠的通風並且可以維持適當的溼度和溫度，另外也要有充足的活動空間和躲藏空間，以便餵食和清潔。

籠子型式

最常見的睫角守宮籠舍是標準玻璃水族箱，10 加侖（38 公升）可以提供給一隻成體睫角守宮足夠的空間；一對守宮則需要至少 15 加侖（58 公升）的水族箱；三隻需要至少 20 加侖（76 公升）的水族箱，愈多守宮養在一起就需要愈多的空間。水族箱有各式各樣的蓋子，有內建小門的蓋子可以將餵食時讓守宮逃脫的機會降至最低。要確定蓋子可以完全密合，而通風也很重要，因此在挑選蓋子時也要考慮通風性。避免選用壓克力水族箱，因為很容易在清潔時刮傷，變得不美觀。

男男不要共處一室

假如你提供足夠的空間，要飼養一小群睫角守宮當然不是問題，然而若有一隻以上的雄性守宮，就會出現問題。當雄性成熟之後，會開始爭鬥，你不會看到牠們打架，但你會看到咬傷以及尾巴消失，為了避免發生這樣的狀況，每個籠舍只能有一隻雄性。

另一個省錢的選擇是透明塑膠收納箱，又稱為整理箱，有許多不同風格和尺寸，找個蓋子有固定扣的箱子。在箱子側邊鑽通風孔，可以用烙鐵快速鑽洞，但要記得在通風良好的地方施工。現在有整理箱廠商開始涉足爬蟲市場，推出已經預先打好洞的箱子。有些繁殖者會製作層架放置大量整理箱，像是抽屜一樣可以滑進滑出。有些型號的箱子沒有附蓋子，因此為了方便清潔，層架須由非多孔隙的材質製作，例如美耐皿。

容納多隻睫角守宮有個更好的選擇是爬蟲網箱，有些品牌有可滑動的紗門，兩端用拉鍊固定，專門為養爬蟲寵物設計，可以在寵物店和網路上找到，用六片鋁窗框和紗網固定在一起，再加上門軸和門栓就可以做出類似的籠子，這種籠子的保濕能力比實心板做的籠子差，因此必須要更頻繁的加濕。

不建議選用客製的木頭箱配上玻璃板，就算木頭用聚氨酯處理過，但睫角守宮需要的潮濕環境仍會使木頭變形，由於睫角守宮喜歡排泄在

籠壁上，因此經常性的刷洗仍會破壞聚氨酯塗層。

溫度

睫角守宮最適合的環境溫度是 72 ～ 80 ℉ 之間（22.2 ～ 26.7℃），溫度高於 80 幾度將會造成緊迫。睫角守宮可以輕鬆忍受溫度短暫下降至 60 幾度（大約是 16.7℃），但還是不

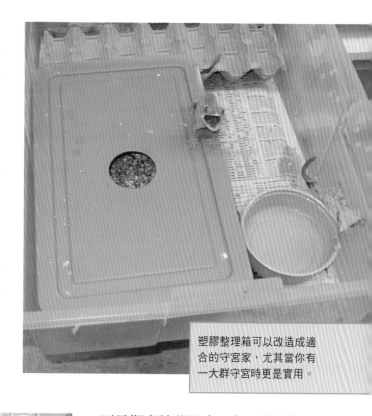

塑膠整理箱可以改造成適合的守宮家，尤其當你有一大群守宮時更是實用。

可長期處於此溫度。冬天開暖氣，夏天開冷氣，可以讓睫角守宮過得很舒服，通常不需要額外的熱源。

由於睫角守宮屬於夜行性，沒有曬太陽的行為也不需要熱點，因此將室溫維持在 70 ℉（21.1℃）以上一般來說就不需要額外熱源，如果在比較冷的月份需要熱源的話，請依照你的籠子尺寸以及格局來決定熱源種類。小型的籠子到大約 20 加侖（76 公升）的水族箱適合用白熾燈泡或

10 加侖（38 公升）水族箱立起來可以做出很棒的環境，適合一或兩隻睫角守宮。

拒絕加溫石

不管任何情況或是任何爬蟲類都不要使用加溫石，因為這種用電發熱的假石頭已經造成大量燒傷案例，而且有時還會短路電到你的寵物，有其他安全很多的方式可以提供熱源。

陶瓷加溫器，可以釋放輻射熱加溫整個籠舍。

底部加熱墊或加熱片對於睫角守宮來說很沒效率，因為熱能不容易擴散到整個籠舍，雖然加熱墊或加熱片可以創造熱區，但睫角守宮在變冷時不會去尋找熱源，寧願躲在自己喜歡的巢穴裡。

使用白熾燈泡作為熱源時，要確保有足夠的黑暗躲藏區域，守宮會自己躲避光線，多測試不同瓦數的燈泡才知道哪種能維持籠舍適當的溫度，仔細監控溫度避免守宮太熱，並且使用可靠的溫度計——電子材料行可以找到的數位式溫度計最精準。

加熱睫角守宮籠舍最簡單也最安全的方法是加熱整個房間，便宜的移動式暖氣就有不錯的效果，只要定期觀察房間的溫度。

相反地，夏天太熱的地區就需要降溫，開冷氣讓整個房間降溫是唯一可靠的方法，如果你的守宮籠舍有設置燈光，要注意夏天時可能會變得太熱，再一次提醒，溫度計是每個睫角守宮籠舍的必要配備。

濕度

濕度是不可忽視的重要需求，如果相對溼度不足，守宮會面臨蛻皮問題，可能導致嚴重的傷害甚至死亡，濕度太低也會造成脫水，幼體和亞成體特別仰賴高濕度幫助牠們能頻繁蛻皮，建議購置一個溼度計，可以量測相對濕度，尤其是在特別乾燥的區域更是需要。相對溼度應該要維持在 70% ～ 80% 之間，如果低於這個區間，建議要頻繁用噴瓶噴濕籠壁。

若使用活體植物則濕度就不會是問題了，前提是有定期澆水，一些底材也有助於保持濕度，例如扁柏木屑就能留存水氣。

在極度乾燥的區域，加濕器會是個聰明的投資，有了它，房間就能維持在適當的濕度，減少加濕籠舍的次數。

光線

睫角守宮對於自然陽光的需求仍然所知甚少，雖然牠們是夜行性動物，但野生的睫角守宮白天時會躲在外面的枝葉裡，這種情況下，我們推測睫角守宮至少會暴露在一點點自然陽光下。陽光中的 UV-B 對於其他日行性爬蟲類來說是必需品，由於人工飼養的睫角守宮白天喜歡躲在報紙下或陰暗的角落休息，看起來似乎不喜歡暴露在大量光線下，因此不知道睫角守宮曝曬自然光或人工 UV-B 是否有益處，很多繁殖者在籠子裡沒有使用任何光源的情況下成功地繁殖睫角守宮。

如果你真的很想要燈光或是有活體植物需要光線，記得要提供足夠的躲藏處或遮蔽植物讓你的守宮有安全感。大型生態缸裡的某些植物則可能需要高強度的日光燈，這種燈泡不適用一般的低瓦數燈座，需要配合專用的安定器使用。就算光線看起來很充足，但是生態缸仍無法完全模擬真正的日照，植物會開始扭曲朝向

睫角守宮需要濕度在 70% ～ 80% 之間，以維持正常蛻皮和健康。

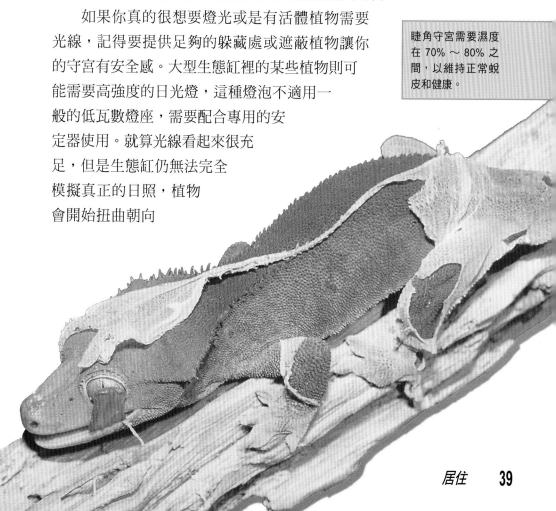

光源生長，變得不美觀。避免使用金屬鹵素燈或是其他傳統燈泡，因為會產生大量的熱能，瞼角守宮不會喜歡這樣。

底材

底材有許多種選擇，其中一些只是個人喜好的問題而已，而有些底材會比其他難清潔很多，報紙是效果良好的簡單底材，髒掉後只要換新的即可。

有些飼主認為報紙在展示缸裡面不美觀，他們會選用其他看起來更自然的底材，包括扁柏木屑、泥炭苔、水苔、乾燥葉子以及土，這些底材的保水能力各異，但是不應該讓它們保持濕潤的狀態。清潔時可以用重點清潔的方式把排泄物撈出，底材每幾個月就要完全換新，守宮越多就要越常換新。

好幾間公司開發出另一種用碎回收紙製作的底材，具有吸水能力，方便重點清潔，守宮也能把自己埋在裡面，而且似乎能維持環境濕度而不會發黴，但若經常加濕會變很髒，需要定期更換。

避免使用顆粒狀的底材，例如水族底砂。守宮可能會在進食時誤食，導致腸道阻塞，嚴重可能死亡。用土當底材要確定不含肥料、殺蟲劑以及其他對守宮有害的汙染物。另外像是沙子、碳酸鈣或類似的細粒底材也請避免使用，這些通常是粉狀，進入皮瓣裡面會妨礙守宮的攀爬能力。

躲藏處

由於瞼角守宮是夜行性動物，因此白天必須要有安全的躲藏處，若籠子有光照的話更是重要，像是植物生態缸，不過就算沒有光照，多個躲藏處也是有益無害。

報紙是安全又
便宜的底材。

　　各種物品都能拿來當成躲藏處，一個有出入口的
盒子就能搞定，或其他像是一節 PVC 水管和廚房紙巾捲筒都行。使用
報紙作為底材時，睫角守宮會更喜歡躲在報紙下面，反而忽略飼主精心
打造的躲藏處。

　　如果要更自然一點的風格，軟木樹皮是個很棒的選擇。軟木大部分
產自西班牙和葡萄牙，將樹皮外層厚厚的部分切削下來，做成弧形或是
一段空心管。樹木在採收的過程中不會受到傷害，剩餘的樹皮會重新生
長。寵物店裡可以找到爬蟲專用的各種尺寸樹皮片或樹皮管，軟木也不
容易腐爛，適合放在植物生態缸裡，除了作為躲藏處之外，你也可以在
樹皮上種植蘭花、鳳梨或其他附生植物，增添一點自然的感覺。

　　如果你有一個植物茂盛的生態缸，裡面會有許多現成的躲藏處，嘗
試用葉片大、密集的植物，並且在打造籠舍的同時，就要把躲藏處考慮
進去。

在睫角守宮籠舍裡加入可攀爬的表面，例如樹枝和活體植物。

絕對不可為了能隨時看到守宮而剝奪牠的躲藏權利，生活在這種狀況下的守宮不快樂，而且這樣不必要的緊迫會導致嚴重的健康問題。

生態缸

對於心中有雄心壯志的睫角守宮飼主來說，植物生態缸是非常誘人的選項，比較簡易的生態缸是用盆栽提供守宮躲藏和攀爬，而大部分複雜的生態缸看起來就像是睫角守宮原生環境的縮小版，裡面有多種異國熱帶植物、石頭造景、充滿藝術感覆蓋苔蘚的漂流木、水塘裡有魚悠游，甚至有個小瀑布。

布置一個基礎生態缸的時候，儘量保持簡單，比較容易清潔。幾種懶人盆栽植物，例如黃金葛（Epipremnum aureum），可以放在籠子後方，讓藤蔓往下爬把花盆覆蓋住，也可以用漂流木或樹皮隱藏花盆。枯葉、扁柏木屑或是用椰子殼磨碎做成的底材，以及其他天然材料都是帶有自然風格的底材。避免使用石頭，因為有可能會移動壓到躲在附近的守宮。每天加濕對植物和守宮都有好處，守宮會很開心地喝掉樹葉上的水滴。當植物的葉片被守宮的排泄物弄髒時，可以將整個盆栽移出來用水管沖洗。

室友

多趾虎屬守宮的室友應該要是體型相近、健康的同種，有些新手
會想要在同個籠舍裡混養多種爬蟲動物，通常是因為想收集新的
種類但又不想購置新籠子和設備。儘量避免在同個籠子裡混養不同種的蜥蜴或其
他動物，多趾虎屬守宮會吃掉任何牠們能吞下的生物，或者室友也可能會把守宮
吃掉，不同物種之間的互動可能對其中某方或是全體成員造成緊迫，而且容易產
生競爭食物的問題，尤其當日行性與夜行性動物混養在一起時。雖然一個自然生
態缸裡包含多種蜥蜴、青蛙、昆蟲以及其他動物的想法非常令人嚮往，但是最好
留給動物園或博物館以更大規模建造。選擇正確的物種混養是可以成功的，但是
多趾虎屬守宮一般沒辦法與常見的蜥蜴混養，例如豹紋守宮、肥尾守宮、鬚獅蜥
等等。

除了植物之外，天然的裝飾品例如漂流木、樹皮片或樹皮筒、岩石
等可以用來布置無生命的景觀，讓生態缸看起來更真實。漂流木要挑選
抗腐蝕的種類，扁柏和桐木就是很好的選擇，雪松雖然也能抗腐蝕，但
是木頭裡的酚類化合物對爬蟲類有害。建設地基的時候，幫植物保留位
置，一定要確保籠子裡的物品都有固定住，任何會壓扁守宮的東西都要
黏好綁好。

光線

為了讓植物健康生長，你需要提供它們光線，日光燈燈座可以在寵
物店買到。由於睫角守宮是夜行性動物，日光燈開著的時候牠們一般來
說會躲起來，因此要確保有足夠的空間讓牠們把自己藏起來。由於睫角
守宮不會曬太陽，而且紫外線燈可能對牠們也不重要，因此昂貴的「爬
蟲燈泡」不是必需品，普通的植物生長燈效果就很好了。不要使用白熾
燈泡，因為這種燈泡會發出太多熱能，也不是植物需要的光譜段。

特殊苗圃場或線上商店可以找到新鮮水苔，營造出漂亮的睫角守宮生態缸。

水

在生態缸裡面放水需要事先研究和規劃，效果才會好。要記得排泄物以及任何沒有馬上吃完的蟋蟀最後都會進到水裡，兩者會很快地汙染水質，變成對健康有害的環境，最好有大一點的生態缸再考慮放水，並且留給專家處理。

其他考量

如果你希望打造一個更複雜的生態缸，就必須要另外研究和規劃，不正確的設置很快就會惡化到只剩最強韌的植物活著、水域變得混濁骯髒，環境也不適合守宮居住。為了要保持最佳狀態，你必須要提供良好的空氣循環、排水性良好的底材，定期加濕以及合宜的光線，如果沒有滿足以上條件，裡面的動植物居民將會難以生存，排水不良的潮濕底材將會成為厭氧菌的樂園，形成不利於植物和動物生存的環境，並且會產生臭味。網路上可以找到各種生態缸的設置方法。

大一點的展示缸可以擺進小型樹木，從大型戶外籠到小型溫室都可以採用這種設置，由於野生的睫角守宮喜歡棲息在樹枝外側的葉片和細枝上，因此這種設置可以讓牠們更符合

排水層

生態缸裡設置排水層有助於防止環境變得潮濕泥濘，排水層是用卵石或珍珠石作為土壤或其他底材的地基，排水層厚度至少要 2 英吋，讓多餘的水能夠流入，避免底材變得溼答答。

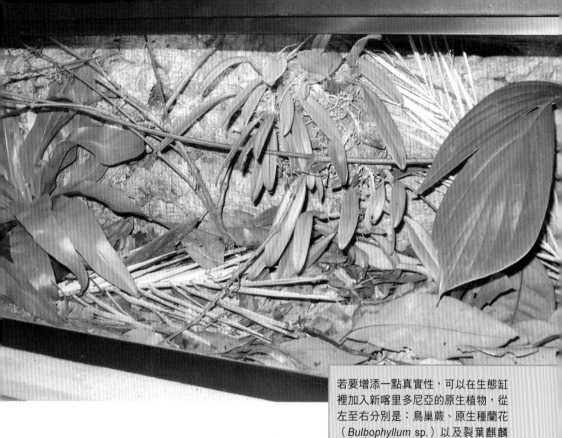

若要增添一點真實性，可以在生態缸裡加入新喀里多尼亞的原生植物，從左至右分別是：鳥巢蕨、原生種蘭花（*Bulbophyllum* sp.）以及裂葉麒麟葉（*Epipremnum pinnatum*）。

在野外時的行為，適合這類型設置的樹種是各種常見用於室內裝飾的榕屬植物，大型的溫室可以種植其他大型熱帶樹木和灌木，包括各種棕櫚、蘇鐵、香蕉、赫蕉等等，要知道再如此大的籠舍裡會很難找到你的守宮，要找到蛋更是不可能。這種飼養方式需要有溫室建造、加熱、冷卻、園藝的知識，如果條件正確，幼體將可以在植物茂密的溫室中長大，除了調整溫度和提供食物之外，不需要其他人為介入。

維護

籠舍需要定期維護以保持環境整潔，樹棲型守宮的糞便常常會拉在籠壁上，擋住玻璃水族缸的景觀且一下子就讓籠子變髒，守宮還會從你準備給牠的果泥上踩過，弄得籠子裡到處都是，以上情形再加上潮濕，將會導致環境非常不衛生，對於守宮的健康有負面影響。

老家的植物

有些高端玩家可能會想要在籠舍裡加入新喀里多尼亞的原生植物，試圖營造出睫角守宮原生棲地的縮小版，有幾種產自熱帶地區的室內植物剛好是睫角守宮原棲地的物種，有些常見於園藝店，有些則很少見，以下是幾種園藝店常有的原生蕨類：

- 鳥巢蕨 *Asplenium nidum*
- 二歧鹿角蕨 *Platycerium bifurcatum*
- 美人蕨 *Blechnum gibbum*

其他新喀里多尼亞植物只有少數植物收藏家和特殊園藝店有種植，你可以從文獻或網路搜尋其他原生種植物，之後在網路上的園藝行物種目錄搜尋你有興趣的植物。其他原生種植物有爬藤型的半多肉植物檸檬毬蘭（*Hoya limoniaca*）以及有著閃亮祖母綠色裂葉的拎樹藤（*Epipremnum pinnatum*），新喀里多尼亞原生有幾種蘭花，包括數種石豆蘭屬（*Bulbophyllum*）的物種，其中有些可以在專門經營稀有蘭花的園藝行找到，這些稀有植物可能會很難照顧，因此在購買前應該要先研究該植物的需求。

籠壁至少每週要清潔一次，根據籠舍內的守宮數量調整清潔頻率，用濕毛巾擦拭即可，裡面有動物時不要使用清潔劑。

籠子的地板也必須要定期清理，如果你用報紙當底材，至少每週要更換，或是看情況在必要時更換，由於守宮喜歡躲在報紙底下，因此籠子的地板要用濕布擦過。如果有盆栽，應該要移出並且洗掉上面的排泄物，人造植物也可以洗一洗。

自然型生態缸的維護會更複雜，你仍需要清潔玻璃缸壁。生態缸不可以人口過剩，守宮和植物數量必須達成平衡，如此籠內的環境才有辦法「消化」守宮製造的廢物，藉由底材中的有益細菌分解以及植物吸收。如果廢物自然分解的速率不夠快，使排泄物持續堆積並且散發臭味，最好的方式是另外設置一個新的籠舍，讓一些個體搬去新家。

籠舍維護日程表

遵照日程表進行籠舍維護工作，為守宮保持乾淨又健康的環境，注意這些只是一般普遍的準則，若是同個籠舍裡有多隻守宮則需要更頻繁地進行維護。

每天：

- 檢查水盆是否乾淨，視需要給予乾淨的水。
- 檢查籠內的溫度並且視情況調整加溫或冷卻設備。
- 移除上次餵食未吃完的果泥以及死掉的餌料昆蟲。
- 用噴瓶噴濕籠壁和植物。
- 如果有正在繁殖的個體，檢查巢穴裡有無守宮蛋，並維持產蛋的底材乾淨且濕度正確。

每周：

- 清除籠壁上的排泄物。
- 更換報紙或手動移除（重點清潔）底材中的排泄物。
- 清潔籠內的擺設（人造或真的植物、樹枝、巢箱或躲避箱等等）。
- 幫活體植物澆水。
- 清潔水盆。

每個月：

- 把籠子整個拆開來用 10% 漂白水清潔籠子和擺設物，加入新的底材，如果是有土壤和活體植物的生態缸可以不必這麼做。

第四章

餵食與營養

人工飼養的環境與自然棲地天差地遠，人工飼養能提供的食物通常比動物在野外能獲得的食物和營養還差，為了要提供類似的食物給我們飼養的動物，有關爬蟲類在自然環境中的食物組成仍有許多尚待學習的地方。我們受限於那些前人實驗過已經失敗或成功的各種方法。藉由了解動物在野外的食物來開發出營養均衡的飼料，是人工飼養動物未來成功與否的關鍵。

就算睫角守宮已經成功地大量飼養和繁殖，但我們還是不能說現在已經有了營養均衡的飼料，繁殖者經常遇到幾種健康問題可能就是營養不均衡造成的，在取得更多研究成果之前，只能建議你採用目前看起來最成功的飼養方式。

睫角守宮與其他多趾虎屬
守宮是雜食性，以昆蟲和
水果為食。

　　睫角守宮和其他多趾虎屬物種屬於雜食性動物，意思是牠們植物性
和動物性食物都吃，這些守宮在野外會吃多種昆蟲和小型脊椎動物，甚
至會吃年幼的同類。植物性食物包括花蜜和花粉，也會吃整顆莓果類的
果實，目前已知睫角守宮不會吃任何植物葉片或其他蔬菜類，跟一般草
食性蜥蜴如鬣蜥和鬆獅蜥不同。

餌料昆蟲

　　每隻睫角守宮都會飢渴地獵捕蟋蟀和其他移動迅速的昆蟲，牠們似
乎很愛追捕蟋蟀，同時也有運動效果，家蟋蟀（*Acheta domestica*）是
最容易取得的餌料昆蟲，也是最推薦使用的。大部分專門經營爬蟲類的
寵物店會提供各種尺寸，有些魚餌店也會販售，如果你所在的區域找不
到蟋蟀，爬蟲雜誌或網路上可以找到蟋蟀農場，直接透過郵寄送到你家
門口。

蟋蟀照護

　　蟋蟀應該要養在足夠大的容器裡避免過度擁擠，常出現在蟋蟀包裹的紙蛋盒，建議可以用來放在蟋蟀容器裡增加額外的面積，廚房紙巾和衛生紙筒芯也有一樣的功能。容器壁應該至少要 24 英吋（61 公分），避免蟋蟀跳出來，同時材質也要光滑，避免蟋蟀爬上去。如果容器的材質是蟋蟀可以攀爬的，就必須要安裝一個紗網蓋。

　　寵物店裡的蟋蟀通常只被餵食馬鈴薯，這種情況下蟋蟀能提供給守宮的營養少之又少，為了要提升蟋蟀的營養價值，必須要以多樣的蔬菜水果餵食，應該要隨時提供蘋果、柑橘、綠色蔬菜、南瓜等等的混合物給蟋蟀，蟋蟀會攝取這些食物（稱為「腸道裝載（Gut loading）」），這些營養最後會轉移給守宮，所以務必將蔬菜水果徹底清洗，避免可能的農藥殘留。現成的蟋蟀腸道裝載飼料通常是乾燥顆粒狀，但請不要用來取代蔬菜水果，新鮮蔬果可以提供蟋蟀需要的水分。

　　單單腸道裝載完成的蟋蟀不代表營養就足夠了，加上維生素和礦物質補充品才是完整的守宮餐，本章節接下來將有關於營養補充品的細節。

餵食幼體守宮的蟋蟀必須要夠小，不能超過守宮的頭長。圖中是一隻蓋勾亞守宮。

蟋蟀的反擊

散落的蟋蟀在守宮籠子裡亂竄不只是麻煩而已；牠們其實可以很危險，飢餓的蟋蟀會吃下任何東西，包括籠舍裡的植物，更糟糕的是，你的守宮。已知蟋蟀能夠對蜥蜴的眼睛和腳趾造成嚴重傷害，甚至殺死幼體和移動緩慢的種類，所以小心不要餵食太多蟋蟀，看到沒吃完的就儘量移除。

餵食蟋蟀給睫角守宮

蟋蟀有各種不同體型，如果你同時飼養幼體還有牠們的爸媽，就需要購買好幾種尺寸，由守宮的頭長度決定牠要吃的蟋蟀大小。睫角守宮可以輕易吞下與自身頭長度相當的蟋蟀，剛出生的幼體可以輕易吃掉四分之一英吋的蟋蟀，幾個月後就可以吃半英吋的蟋蟀了，再幾個月後就能以成體蟋蟀為食，往後的日子都吃成體蟋蟀即可。如果你不確定的話，最好餵食小一號的蟋蟀，但是不要給成體守宮小於四分之一英吋的蟋蟀，這會讓牠需要辛苦地獵捕才能吃飽一餐。

避免在籠子裡放入太多蟋蟀，一隻幼體每次可以吃掉二到三隻四分之一英吋蟋蟀，而成體守宮每次可以吃掉七或八隻成體蟋蟀。餵食太多的時候你一定會知道，因為沒被吃掉的成體蟋蟀會在你嘗試入睡的時候開始嘰嘰喳喳。多餘的蟋蟀對於爬蟲類來說很惱人，如果守宮沒辦法逃開蟋蟀的話甚至會造成緊迫。沒有食物的情況下，如果不趕緊移除掉，這些剩餘的昆蟲最後會死掉並腐爛。

在籠子裡橫衝直撞的蟋蟀們，最後可能會跑進水盆裡，如果沒能逃出來將會溺死並腐爛。有些人會在水盆裡放置小東西，讓蟋蟀可以爬上去再跳出來，露出水面的小石頭就很好用，雖然不是完全有效，但至少可以不必更換水盆。

冷凍蟋蟀越來越常見於某些寵物店，這種產品是適合不想面對活體蟋蟀整晚鳴叫以及在屋裡亂竄的飼主，睫角守宮看起來對乾燥蟋蟀沒什麼興趣，雖然有一間公司開發出一種震動盤，讓乾燥蟋蟀活起來，對喜歡追捕移動獵物的爬蟲類來說更有吸引力，這或許有效，也可能沒效，

取決於你的守宮。

捕捉守宮食物

有些飼主喜歡自行蒐集昆蟲餵食他們的爬蟲類，這很危險，尤其是在蚊子或其他害蟲擴散的區域，可以用網子掃過低矮的植物蒐集昆蟲，但不建議餵食野外蒐集來的昆蟲，因為有些昆蟲可能會咬傷守宮或是有毒，其他例如硬殼甲蟲，則會造成腸道阻塞。

麵包蟲與其他餌料昆蟲

麵包蟲、蠟蟲以及其他類似的昆蟲幼蟲常被守宮拒絕，可能是因為動作太慢了，有些守宮會吃，但遠遠不如吃蟋蟀那樣猛烈。有些種類的蟑螂或許是極好的替代食品，也常有人餵食乳鼠但很少被接受。

水果與處理食材

許多飼主喜歡用水果類嬰兒副食品滿足睫角守宮對於水果和花蜜的需求，嬰兒果泥有多種口味，價格不貴

多樣才是王道

少數飼主主張只提供嬰兒副食品和營養補充品，且從來不餵食蟋蟀。一般來說會建議盡可能提供多樣化的飲食，包括嬰兒副食品和蟋蟀。除了能提供額外的蛋白質，追捕蟋蟀通常是人工飼養守宮唯一的運動機會，而無法消化的外骨骼能提供必要的粗纖維。

又隨處可得，香蕉、桃子、芭樂以及木瓜似乎是大多數睫角守宮喜歡的水果，有些守宮有討厭的口味，有些則會吃掉面前的所有食物，因此需要實驗過才知道守宮喜歡什麼。嬰兒肉泥混合水果口味可以提供必要的蛋白質，繁殖者最常用火雞或雞肉，睫角守宮似乎沒有特別喜歡肉泥，因此肉泥的比例不要超過四分之一，另外維生素補充品也要適時添加。

混合營養補充品後的嬰兒副食品要用小盤子或碟子裝著，嬰兒副食品空罐的蓋子就很好用，將碟子放在中間不容易被打翻的地方，或是放在守宮喜歡的躲藏處附近，新鮮的嬰兒副食品放進籠子裡後，守宮通常

會察覺到並且很快地出來把食物舔乾淨，有些個體可能會太害羞，只願意在晚上關燈的時候出來吃，了解你家寵物的習慣並且適當調整餵食時間。

不要讓沒吃完的嬰兒食品放超過十二小時，因為很快就會臭酸掉變得不衛生，守宮吃完之後要將小盤子拿出，記住守宮每次吃的量，並且不要提供超過牠們食量的食物。給予多隻守宮大量食物的時候要格外小心，尤其是幼體，幼體守宮跳進去或嘗試走過食盆的時候，有可能陷在黏稠的食物泥裡面導致窒息，如果沒有被黏住，殘留在腳上的食物泥會干擾牠們的攀爬能力。很不幸地，睫角守宮常常會踩過自己的食物，弄得籠子裡到處都是，如果沒有立刻清理的話會讓整個環境發霉。

除了嬰兒副食品之外也可以提供果泥，各種水果加入維生素補充品，用食物調理機攪拌後，以同樣的方式提供給守宮，軟質的水果可以輕鬆地搗爛，例如香蕉。

市售飼料

至少有一間公司有販售為睫角守宮特製的粉末狀飼料，餵食時要混合少量的水，與嬰兒副食品的餵食方式相同，該公司宣稱他們的飼料包含守宮需要的全部營養，不需要餵食蟋蟀，讓不想處

鳥用
（守宮也行）

另一種比較少人用的現成飼料是吸蜜鸚鵡專用的粉狀飼料，吸蜜鸚鵡以水果和花蜜為食，飼料粉與一定水量混合（依照包裝上的指示），製成半液體狀的黏稠物。吸蜜鸚鵡飼料可以在一些寵物店和大多數鳥店找到。

理蟋蟀的飼主趨之若鶩。雖然有些繁殖者只單純餵食飼料，但其他人則不太成功，有些守宮吃飼料似乎沒問題，而有些則對飼料不屑一顧。吃過嬰兒副食品的守宮可能會不情願轉換成飼料，除非在裡面摻雜一部份嬰兒副食品，然後慢慢減少比例。從幼體出生的第一天就開始餵食飼料比較容易成功，但仍會有一些個體拒吃，因此你還是必須仔細觀察，準備好蟋蟀和嬰兒副食品，才不會讓小朋友挨餓。

營養補充品的重要性

絕對不能忽略綜合維生素和鈣粉（含維生素 D_3）的重要性。簡單來說，只給予昆蟲和水果而沒有添加營養補充品的守宮，健康狀況將會惡化到只能選擇安樂死，通常營養不足只有在問題已經很嚴重了（並且無法治療）才會出現明顯的症狀，作為一個飼主應該要在一開始就確保自己的寵物不會發生這樣的狀況。

營養補充品

提供所有必需的維生素和礦物質是飼養爬蟲類最重要的觀念，同時也最容易混淆以及最廣泛爭論的觀念。野生的守宮從自然環境中獲取牠需要的一切，牠也會主動從天然沉積物中攝取多種礦物質和微量元素，或是從不同表面舔舐水滴時無意中攝入。原生的昆蟲食用新喀里多尼亞植物，可能與「正確」腸道裝載的人工飼養蟋蟀有截然不同的營養成分。

人工飼養睫角守宮的食物必須定期混合正確的維生素和礦物質，維生素與礦物質太多或太少都會導致營養問題，不同組合也會產生問題，可惜的是守宮對於維生素、礦物質以及微量元素的需求量仍然了解甚少，每個繁殖者慣用的營養補充方式各異，而且僅限於參考實驗過成功的例子。

大部分繁殖者偏好使用粉末狀營養補充品，有些品牌的粉末磨得更

細緻，將蟋蟀沾粉時，細緻的粉末比粗的粉末更能附著在昆蟲身上。有些飼主會使用鳥用液體維生素混入食物泥中。

營養補充的形式有鈣質補充劑、綜合維生素補充劑以及兩者皆有的產品，建議不要假設一個品牌的產品可以完全涵蓋守宮的需求，應該要混合鈣質和綜合維生素補充劑，根據使用的品牌不同，找到鈣質和綜合維生素正確的平衡點。

鈣質

鈣質對於成長中的幼體極為重要，尤其是對於骨骼的發展，對繁殖中的雌性也很重要，因為蛋殼形成的過程將會快速消耗儲存的鈣質。維生素 D_3 對於鈣質利用來說是必需品，因此補充鈣質必須配合維生素 D_3，缺乏 D_3 很明顯地會阻礙鈣質代謝，另一方面，過量維生素 D_3 則會造成鈣質過度吸收，導致嚴重的問題。最好依照你手上的營養補充品使用說明，並且在混合鈣質和綜合維生素時確保只有其中一種含有維生素 D_3，避免過量使用。有些曬太陽的爬蟲類需要暴露在紫外光 UV-B 之下以利維生素 D_3 合成，例如綠鬣蜥，雖然在野外是透過陽光吸收，但也有特殊的爬蟲燈能夠釋放 UV-B。目前仍未知像是睫角守宮這樣的夜行性蜥蜴是否會以任何方式利用 UV-B，相較於其他多趾虎屬守宮在野外白天時躲在樹洞裡，睫角守宮

在睫角守宮的食物裡添加鈣質和綜合維生素、綜合礦物質，才能保持健康。

把鈣質分開

鈣質補充品通常與綜合維生素分開販售，這是有原因的，如果兩者混合在一起一段時間，有些營養素在接觸到其他物質後會劣化，因此請將兩者分開存放，只在餵食時混合。

白天時睡在樹葉上，因此一般認為這樣相對暴露的環境會讓牠們受到一點點日照，陽光的必要性之於睫角守宮仍然尚待了解。人工飼養的睫角守宮傾向於躲避燈光，很可能無法利用 UV-B，因此不建議用 UV-B 燈光取代正確的營養補充。

磷與維生素 A 都會影響蜥蜴利用鈣質的能力，鈣質與磷的比例應該要接近二比一，維生素 A 與維生素 D_3 應該要一比一，維生素 A 過量會導致嚴重的健康問題，更令人混亂的是，鋅是運送維生素 A 的必要物質，高濃度的鈣會抑制鋅吸收，進而妨礙維生素 A 運送。

雖然睫角守宮在野外會暴露於陽光下，但沒有證據顯示人工飼養的守宮需要紫外光。

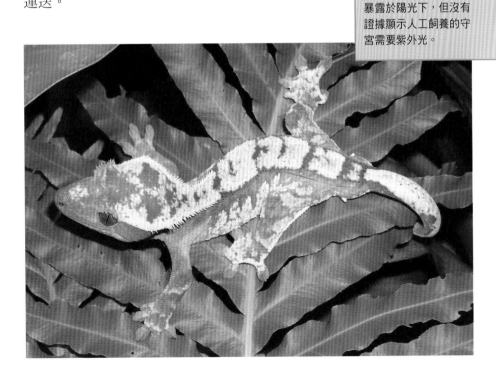

營養補充的技巧

為了確保你的守宮獲得正確的營養，請將以下建議牢記於心：

- 餵食前至少十二小時，以多種蔬菜水果和(或)市售的蟋蟀飼料裝進昆蟲的肚子裡，並且沾上適當的綜合維生素粉和鈣粉。
- 將營養粉加入嬰兒副食品或果泥混合。
- 並非全部的營養補充品都一樣，做好功課並且只使用維生素、礦物質以及微量元素調配均衡的產品。
- 詢問其他具有長期飼養和繁殖睫角守宮經驗的人，有關他們使用的營養補充品和食物。
- 可以的話，儘量使用極細粉末的營養補充品，可以更好地附著在蟋蟀身上，而且不像大顆粒的粉末很快就掉落。
- 特定的維生素或礦物質過量或是彼此不均衡都會造成嚴重的問題，確保各個營養素之間達到正確的平衡，尤其是鈣質、維生素 A、維生素 D 以及磷。

　　許多守宮將鈣質儲存在內淋巴囊（endolymphatic sacs），日行守宮（*Phelsuma* sp.）的內淋巴囊（有時稱為 Chalk sac）位在脖子兩側，當充滿液化碳酸鈣時成腫塊狀。多趾虎屬守宮的嘴巴裡可以看到上顎有一對白色的囊，許多繁殖者認為如果該構造呈現飽滿狀態，就代表守宮有獲得良好的營養補充，但事實並非如此。確實空虛的鈣囊絕對有問題，但是許多明顯有骨骼代謝症狀的個體其鈣囊是飽滿的，很可能是守宮有獲得足量的鈣質，但由於營養補充不均衡，例如維生素 A、維生素 D_3 太多或太少等等，因此身體沒辦法有效利用鈣質。

建議

　　面對如此混亂的營養補充方式，建議你尋找最符合上述條件的綜合維生素、鈣質補充品，如果能找到極細粉末的產品更好，比較容易附著

嬰兒副食品食譜

1/3 罐 2.5 盎司（大約 25ml）嬰兒食品——火雞肉

1 罐 16 盎司（177ml）嬰兒食品——水果（香蕉、杏桃、木瓜、芭樂為佳）

1/2 茶匙（2.5ml）含維生素 D_3 的鈣粉

1/4 茶匙（1.3ml）綜合維生素粉

充分混合所有材料後裝在密封塑膠罐裡冷藏，本食譜足夠提供小群成體守宮或一大群幼體一週的食量，每周準備新的一批並清除任何沒吃完的食物。

餵食時用湯匙挖到小碟子或嬰兒副食品的蓋子上，餵食給守宮前先讓食物回復到室溫，給予的量不要超過守宮在五到六小時內可以吃完的量。

在蟋蟀身上，這些營養補充品也可以混合在食物泥裡面，建議的比例是一茶匙營養補充品對應 14 盎司食物泥（5ml：397g）。

將蟋蟀沾維生素粉和鈣粉非常重要，挑選要餵食的數量放置在小桶子、高杯子或其他高的容器裡，接著灑上一點維生素粉，輕輕地搖晃桶子直到蟋蟀身上沾滿粉末，細緻的粉末比較容易附著在蟋蟀的外骨骼，所以儘量使用粉末細緻的牌子。

多久吃一次？

餵食的頻率根據幾個因素決定，成長迅速的幼體應該要每天餵食，成體就不必那麼頻繁餵食，繁殖中的個體需要更頻繁餵食，可能的話應

該要每隔一天提供給幼體守宮嬰兒副食品或其他適合的混合食物（加入營養補充品），以及每週兩次給予沾粉的四分之一英吋蟋蟀，亞成體及繁殖中的成體每週兩次餵食嬰兒副食品或其他準備好的替代品，加上每週兩次沾粉的蟋蟀，選擇有很多種。有些繁殖者每天餵食，而有些每週餵食一次蟋蟀和一次食物泥也照樣成功。

　　若你想減少餵食頻率，應該要監控守宮的外觀和重量，每次餵食的營養補充會變得更關鍵，如果餵食頻率超過建議的量，可能會導致肥胖問題，尤其是不繁殖的守宮容易變胖，太多營養補充也可能造成問題。

水

　　在維持籠舍濕度的地方已經提過加濕的重要性了，幼體守宮每天兩次用噴瓶加濕籠舍，成體每天一次，加濕的時候確保水噴在籠壁或植物葉片上，讓水滴凝聚在表面，有些守宮喜歡舔水滴而不喜歡喝水盆裡的水，儘管如此還是應該要提供一個水盆，水深不要超過守宮站著的高

蓋勾亞守宮以及其他多趾虎屬守宮偏好舔舐水滴而非從盆子裡喝水。

蓋勾亞守宮喜歡吃昆蟲以及其他獵物多過於水果，吃的水果比其他同屬的守宮少。

度，幼體若是掉進水盆時沒辦法踩到底部，很容易會溺水。

　　水質非常重要，自來水可能含有高濃度的潛在有毒化學物質，尤其是氯，因此不可使用自來水。每個地區的井水品質不一，有些地方可能含有高濃度鐵或礦物質，用來加濕籠舍會留下污漬。最好的選擇是購買一組逆滲透系統，過濾自來水裡的雜質，但你也可以使用瓶裝蒸餾水。

第五章

繁殖

自從睫角守宮被重新發現之後，不到十年內就成為平價的寵物了，這要歸功於商業爬蟲繁殖者和業餘玩家對於繁殖的投入，由於一隻雌性每年可以產下 15 到 22 顆蛋，使這些守宮的價格持續下降，每年都有更多新生兒出現在市面上。

雄性睫角守宮（右）
的泄殖腔後方具有更
大的腫塊，也就是半
陰莖隆起。

性別

　　如果你計畫要繁殖你的睫角守宮，必須要先確認你有相反性別的守宮。很可惜沒有可靠的方法辨別未成年守宮的性別，而市面上販售的個體大多是未成年，因此無法區分性別，有些人聲稱他們可以靠泄殖腔刺（Cloacal spurs）的大小或是用放大鏡檢視肛前孔（Pre-anal pores）區分尚未成熟守宮的性別，這種方式已經證明不可靠。以許多其他屬的守宮來說，雄性的泄殖腔刺通常比雌性明顯，然而睫角守宮成體雄性和雌性的刺沒有固定的模式，幼體也是。成熟、性別確定的守宮價錢高很多，因為必須計入將牠們養到可以區分性別的大小所投入的成本。

　　在正確的照顧下，睫角守宮在孵化後一年內就能用目視區分性別，要區分性別很簡單，雄性的泄殖腔後面具有非常突出的半陰莖隆起，通

常在守宮接近成熟體型時突然發育，因此雄性發育半陰莖隆起時的體型並不能作為成熟的指標，如果你的兩隻守宮其中一隻最近半陰莖隆起開始發育，請不要假設另一隻差不多體型的守宮就是雌性，那位「女生」可能會在幾週後給你一個大大的驚喜。

另一個分辨睫角守宮性別的有效方法是肛前孔和股孔的有無，中間有小洞的鱗片排成一列，沿著成熟守宮的大腿下側延伸，不論雌雄都有這些孔，但是雄性的孔洞比雌性更明顯。

雌雄之間另一個不同點在於雄性具有更大的股孔，可能有氣味標記的作用。

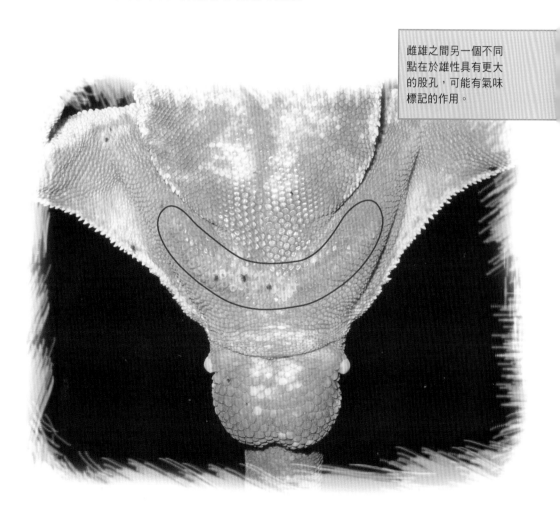

成熟

一旦守宮達到性成熟，住在同一個籠舍裡的雄性通常就會開始打架，雖然你可能不會看到真正的打鬥場面，但你會開始注意到守宮們身上有咬痕出現，通常皮膚上會隱約呈現守宮嘴巴的輪廓，有時候皮膚會被咬破引發感染，尤其是頭部。如果兩隻雄性持續住在一起，牠們會繼續打架，到最後兩方都會不可避免的失去尾巴，並且承受不必要的競爭壓力。一定要將成熟雄性分開飼養。而雌性似乎頗能接受群體生活，而且很少傷害對方。

設置一個繁殖群

睫角守宮不需要有複雜的繁殖前置作業，不像其他來自寒冷氣候的爬蟲類，牠們在繁殖季前不必經過一段降溫時間，只要養在最適合的溫度範圍、給予正確的食物（包括維生素補充）並且提供適合的產蛋地點，一對睫角守宮不需要其他援助就能自行繁殖了。

繁殖者們嘗試藉由選育繁殖操控大麥町睫角守宮身上斑點的大小和數量。

這並不是說降溫期沒有好處，隨著雄性被移出籠舍外，經過三到四個月的降溫期，這段冷卻休眠期能夠讓牠暫時擺脫繁殖壓力並且有時間

重新補充身體的營養。這不是來自寒冷氣候的爬蟲類那種真正的冬眠，溫度只需要低到 70 ℉（21 ～ 22 ℃）左右即可，夜晚時降至 60 ℉（15.6 ℃）都是可以接受的範圍。守宮在這段降溫期可能不太願意吃東西，並且應注意不要讓守宮連續好幾天處於 60 ℉的低溫狀態，在此溫度下牠們肚子裡的食物將會無法消化，接著會腐爛並引發內部感染，白天時的溫度必須要回升到 70 ℉的範圍以維持正常的消化和代謝。

一隻雄性可以與一隻或多隻雌性持續住在一起，大規模的繁殖者會定期輪調不同籠舍之間的雄性，讓雄性留在籠子裡與多隻雌性相處好幾天，然後換到另一個充滿雌性的籠子裡，通常雄性會很積極的與新見面的雌性們交配。將繁殖狀態的多隻個體養在一起時，提供足夠的躲藏處非常重要，讓每隻守宮都能遠離其他個體，減輕壓力。

求偶與交配

交配通常發生在晚上，也就是守宮比較活躍的時段，求偶時雄性會用嘴巴咬住雌性的脖子從後方壓制，接著牠會將自己的身體擺放平行於雌性，並使用兩個半陰莖的其中一個進入雌性的泄殖腔排出精子，交配

黑夜與白晝

我們對睫角守宮的光週期（白天、夜晚的循環）所知甚少。在冷卻期間，許多爬蟲類也會對冬季日照時數減少產生反應，作為季節循環的一部分。由於睫角守宮是夜行性動物，因此必須提供明確的日夜循環以維持正常的機能，不論籠舍有無燈光，到了晚上所有燈都必須關閉，如果籠舍沒有安裝燈光，那麼白天時的房間裡不可以保持全暗。窗戶或是室內燈就能提供足夠的光線，藉由持續一整年每天提供十二到十四小時的照明，睫角守宮幾乎整年都能夠繁殖，如果光週期減少，繁殖行為就很可能會停止。如果你計畫讓守宮在冬天進行繁殖，而房間主要的光源又是來自窗戶，你會需要遮住窗戶並且提供其他照明，否則守宮將會察覺到白天縮短而終止繁殖。

行為可能會持續數分鐘。結束之後，可以在雌性的脖子上看到咬痕，大多數例子裡不會造成破皮，咬痕會隨著下次蛻皮消失。

巢位

有繁殖中守宮居住的籠舍裡一定要有一個合適的巢位，一隻雌守宮每三週可以產下兩顆蛋，因此最好隨時準備好。簡單的巢箱可以是一個附蓋塑膠盒，在蓋子上切出出入口，填入潮濕的底材，常用的產蛋底材有蛭石、水苔和泥炭苔，任何園藝資材行都能找到上述材料，不論你選用哪種，底材都要常保濕潤但又不能太濕。

你可以利用保鮮盒製作簡單卻夠用的巢箱，在蓋子上挖個洞即可。蛭石是常用的巢箱底材。

巢箱底材

蛭石是一種分層細緻的顆粒狀礦物製品，經過熱處理增強保水力。蛭石通常添加在盆栽土裡面用來留存水分以及增加土壤通氣性，並且有從粗粒到細粒不同等級可以選擇，大多數繁殖者偏好中等顆粒，每顆顆粒直徑平均是 1/8 英吋（0.32 公分），你可以用按重量用一份水混合兩份蛭石，有些繁殖者是憑感覺混合蛭石，正確混合的濕潤蛭石用手抓起會形成一團塊狀物，但手指戳進去很容易就碎掉，用手擠壓蛭石的時候不應該有多餘的水流出來，用足量的蛭石填入巢箱裡至少數英吋深。

水苔是一種長纖維的苔蘚，以乾燥的形式販售，將水苔浸泡在水裡直到吸飽水，然後擠出多餘的水，在巢箱裡面鋪上數英吋深的鬆散水苔，讓守宮可以輕易鑽洞。處理水苔時要記得戴手套，並且避免吸入乾燥的粉末，因為有受到真菌感染的風險，稱作孢子絲菌病（Sporotrichosis），這種真菌的孢子會從皮膚的傷口進入，造成水皰或是開放性潰傷，並且會擴散到身體其他地方，如果吸入孢子將導致嚴重的呼吸道感染。

精子留存

如同許多爬蟲類，雌性睫角守宮可以保留精子在體內好幾個月，這讓牠們可以在遇到雄性過了很長一段時間之後，還能產下能發育的蛋，另外也能控制受精的時機，如果守宮目前的環境或生理狀況不適合產蛋。因此當一隻單獨的雌性離開雄性很久之後還能一直產蛋的話，不必太驚訝。

不論你選用何種底材，重點在於底材不可太濕，睫角守宮的蛋具有革質的蛋殼，能夠讓水和空氣自由通過，如果蛋從底材中吸收太多水分的話通常會死亡。另一方面，如果巢箱底材過於乾燥，雌守宮可能會選擇在籠舍裡另一個潮濕的地方例如水盆中產蛋，如此一來，蛋很快就會壞掉。

產蛋

當雌守宮準備好要產蛋時，牠會在巢箱底材挖洞，將蛋產在洞裡然後埋起來，這個過程至少需要一個小時或更久，如果剛好撞見正在產蛋的雌守宮絕對不能打擾，把蛋埋起來之後，媽媽就不會再照顧它們了。雌性一般每窩會產下兩顆蛋，但偶爾也會只有一顆。

收集蛋

你將會需要每幾天就確認產蛋的狀況，以便將它們移出進行孵化，小心地挖掘底材讓蛋露出來，但不要改變它們原本放置的方式。在胚胎發育的早期階段，如果改變蛋原本的方向很可能會導致胚胎死亡，找到

多檢查

如果你有多隻雌守宮共用一個巢箱，牠們可能會在挖掘自己的巢穴時把其他蛋也跟著挖出來，蛋暴露在外面如果沒有及時收集起來的話很快就會乾掉，因此建議比起只有一兩隻雌性的巢箱，你要更頻繁檢查群養的巢箱。

蛋之後，小心地用原子筆在頂部做記號，並且輕柔地拿起來，小心不要轉到，檢查完蛋之後，如果底材變乾了就加水，噴瓶是個好用的工具，記得底材不能太濕。

如果你的守宮是養在植物生態缸，就算提供了巢箱，牠也可能會在任何牠覺得適合的地方產蛋，這種設置會難以收集蛋。如果條件正確，蛋到最後會在生態缸底材中順利孵化，但是如果沒有及時注意到的話，幼體有可能會被父母吃掉。

孵蛋方法與條件

守宮產蛋之後，就要準備進入孵蛋程序，孵蛋方法有很多，你可以選擇最適合自己的方式。

孵蛋期間你將需要維持正確的溫度、濕度以及空氣流通。溫度應該要保持恆定，不可浮動超過上下各一度的範圍，飼養睫角守宮建議的溫度是 75 ～ 78 ℉（23.8 ～ 25.6℃）—— 也適合用來孵蛋，守宮蛋需要放在濕潤的孵蛋材料裡面，例如珍珠石或蛭石，之所以推薦這兩種材料是因為它們可以留存水分同時保有蛋周圍的空氣流通，珍珠石和蛭石有多種顆粒大小，選用中至大顆粒的。

確保水與蛭石或珍珠石的比例不會太濕也不會太乾，許多繁殖者喜歡用水與蛭石或珍珠石以重量一比二混合（而非以體積或其他材料），有些人喜歡更多水，但還是要確保底材不能太濕，否則蛋很快就會壞掉。由於蛋會從底材中吸水，因此使用高品質的水很關鍵，至少要用蒸餾水而避免使用自來水，可以的話逆滲透水會更好。

不一定需要一個真的孵蛋器，如果你養守宮的房間處於恆定、適當

正準備要產蛋的雌
性睫角守宮，牠會
用後腳握著蛋，直
到蛋殼硬化。

的溫度，就可以直接在房間裡孵蛋。在加蓋的塑膠
容器裡放入一半的潮濕底材，將蛋放進盒子裡，接
著就可以把盒子放在房間裡安全的地方。

　　空氣品質對於蛋的健康很重要，空氣與水都能通過蛋殼，如果蛋放
在空氣不流通的環境將會無法「呼吸」而死亡，為了讓空氣交換，有些
繁殖者會在孵蛋箱側邊鑽通風孔，這會讓裡面的水分很快流失，必須要
視情況補充，顯然這種方式很難控制水分和溫度波動。

　　另一個比較簡單可靠的選擇是利用氣密的塑膠孵蛋盒，由於沒有氣
體交換，因此必須要定期手動換氣，蓋子應該要每一或兩天打開一次，
用蓋子搧風讓新鮮空氣進入底材，使用此方式就不會有明顯的水分流
失，因此如果一開始底材混合的比例正確，就不需要另外加水，當然你

許多種爬蟲類，包括好幾種守宮都有溫度決定性別（Temperature Dependent Sex Determination，簡稱 TDSD）的機制，意思是子代的性別不是由基因而是由孵蛋期間的溫度所決定，孵蛋溫度高主要產出雄性，而溫度低則是雌性較多，每個物種實際影響的溫度不同，而有些物種的模式也有差異，大部分繁殖者試圖將溫度控制在大約雌雄各半，有些人認為睫角守宮以及其他多趾虎守宮屬屬於 TDSD，但仍需要更進一步的研究證明，以大約 78 ℉（26℃）孵蛋似乎可以產出相當平均的性別。

還是得每隔一段時間檢查底材的狀況，確保它還是濕潤的。

如果你無法將房間溫度維持在適當範圍，孵蛋器就派上用場了，大部分的孵蛋器需要放在涼爽的室內，才能加溫至理想的溫度。由於就連最貴的孵蛋器也沒有冷卻功能，因此在溫度高於設定溫度的環境中將無法運作，如果房間溫度太高就需要開冷氣。市面上有各式價錢不高的家禽孵蛋器適合用來孵爬蟲類的蛋，在網路上也可以找到方法用現有的材料自行打造一個孵蛋器。

放置蛋

把蛋放置於孵化盒中時，動作要輕柔，埋進底材的部分不要超過一半，如此一來蛋有一半與底材接觸吸收水分，另一半暴露在空氣中讓氣體能夠交換，埋入一半也讓蛋在盒子移動時不容易滾動，要記得不可以改變蛋原先產下時的方向，因此從巢箱轉移到孵蛋箱的過程要保持方向不變，之後的孵化過程也不要干擾。

把蛋安置好之前，你應該要先確認蛋有受精，如果沒有成功受精，雌性會產下俗稱的空包蛋，空包蛋與有受精的蛋差異很大，蛋殼通常鈣化不全，摸起來像是橡膠，顏色偏黃，而受精蛋具有堅實、純白色革質

的蛋殼，空包蛋通常比較小，而且不像受精的蛋那麼飽滿。

　　雖然空包蛋一般很容易與受精的蛋區分，但也有例外，有時外表看似受精的蛋裡面可能空空如也，這些蛋通常會在放入孵蛋箱幾週後開始發霉腐爛，如果你無法確定到底蛋有沒有受精，最好就放在孵蛋箱裡面觀察看看。

　　偶爾會發現蛋有脫水的情況，這是因為蛋放置的底材太乾燥了，通常發生在一群守宮共用一個巢箱的時候，原先在裡面的蛋會被其他雌性產蛋時無意間挖出，由於水分從蛋殼向外散失，因此受到嚴重水分流失的蛋至少有某一邊會凹陷下去，不要看到這種情形就斷定蛋壞掉了，這種看似沒救了的蛋如果放在濕度正確的孵蛋箱裡，仍會重新吸收水分，不過可能無法回復到正常的飽滿度。雖然有些蛋無法復原，但是仍有許多流失水分超過 40% 的蛋成功孵化，只要發現得夠快。

　　有些繁殖者會在把蛋安置進孵蛋箱之前先透光檢查，也就是拿蛋對著光線看，可以看到早期的胚胎發育，如果從巢箱裡挖蛋時不小心弄亂蛋的擺放方向，透光檢查可以找到正確的方向以利擺放進孵蛋箱內，用來檢查鳥蛋的光纖燈條也可以用在爬蟲類的蛋，另一個不想那麼貴的替

持續記錄

記錄蛋從被產下一直到孵化的過程極為重要，製作一套記錄系統並且詳實記錄是成功的關鍵。雌守宮的名字或編號、產蛋日期、親代的顏色等等的資訊都應該要在安置好蛋後記錄起來，孵蛋期間發生的任何重大事件都應該要記錄，例如意外的溫度波動、發霉、蛋的形狀、顏色改變等等，這些資訊可以讓你逐步了解你提供的條件到底是成功還是導向毀滅。知道產蛋的日期讓你可以預測大概的孵化時間，提前準備守宮寶寶的家，前提是孵蛋的溫度正確。

睫角守宮繁殖者挑選有趣又漂亮的顏色與花紋，以及兩者的結合，月光是一種顏色蒼白，接近珍珠色的品系。

代方案是改裝手電筒，只要把一個錐形深色厚紙板套在手電筒末端，讓光線集中從圓錐末端的小洞出來。

透光檢查最好在黑暗的房間裡進行，讓光線穿過蛋，輕柔的旋轉以找出胚胎發育的位置。只有幾天大的蛋裡面什麼都看不到，除了其中一側的蛋殼底下會有一塊紅色圓形區域，也就是囊胚（blastosphere），是早期唯一可見的特徵，通常是一個紅點被一層薄薄的紅圈包圍，這是胚胎發育早期的一群細胞，守宮蛋放置在孵蛋箱底材的方向應該要是囊胚朝上，蛋的頂端用原子筆小心地標記，確保在孵化期間不會意外轉向。

孵化期間的工作

　　至少每隔一天就要檢查孵化中的蛋有無任何問題，常出現的問題有發霉、脫水以及死蛋，未受精的蛋在一到兩週內就會顏色變淡，如果沒有及時注意到就會開始腐爛，有時蛋裡面的發育會停止，這時胚胎會死亡，蛋也會腐爛。

　　不要急著把變色、發霉或是看起來不健康的蛋丟掉，除非你很確定它已經死亡了，有時用民俗偏方——香港腳藥粉，就能輕易地控制黴菌生長，如果及早控制的話，蛋殼上的黴菌並不一定會影響到內部，有時蛋的顏色會轉變成一種深黃褐色，看起來像是正在腐爛的樣子，但如果沒有「流汁」出來，裡面可能還是健康的，能夠正常孵化，只有當蛋流出液體、產生臭味或是乾癟到明顯完全沒希望時再丟棄。

　　你應該要至少每天檢查溫度是否正確，避免溫度浮動造成蛋的發育問題。

　　根據孵蛋箱的形式不同，你可能會需要監控濕度，尤其當你的孵蛋箱上有通風孔的話，用噴瓶補

雪佛龍的背部條紋斷開成清晰的橫紋，像是雪佛龍的商標。

充水分，密閉無孔的箱子水氣流失非常少，因此在孵蛋期間應該不需要任何補充，再一次提醒，建議使用密閉的箱子，可以避免因濕度波動造成的潛在問題，孵蛋箱裡的溼度應該要維持在 80%～90%。

孵蛋箱裡的空氣流通非常重要，如果是密閉的箱子，每天必須要打開蓋子讓空氣交換，這也是檢視守宮蛋的一個機會。如果使用有洞的箱子，能夠提供一些空氣流動，但是仍要每幾天就打開蓋子以利更徹底的空氣交換。

迎接守宮寶寶

以 78 ℉（26℃）孵睫角守宮蛋，平均在 56～60 天就會孵化，孵蛋的溫度越低則時間越長，反之亦然。用高溫孵蛋減少等待的時間不是

睫角守宮破殼。守宮寶寶破殼後會在蛋裡面待著幾個小時甚至一天。

少數情況下，會看到幼體的臍帶仍然連接著剩餘的蛋黃，發生這種情況時，將幼體移到底部鋪有好幾層廚房紙巾的小盒子裡，用室溫的水稍微加濕，避免蛋黃黏在底材。通常在二十四小時以內蛋黃就會脫落，到時候要小心檢查肚臍，確保能夠癒合良好，一切表現正常的話，就可以把守宮放回一般的籠子了。

個好方法，可能會造成嚴重的發育問題，在你預測的孵化時間之前，最好提前將籠子準備好，別忘記還有適當大小的蟋蟀。

孵化與幼體

當你期待著寶寶出生時，可以留意蛋殼上有沒有裂痕，這是守宮寶寶的蛋齒（Egg tooth）弄出來的，每隻守宮寶寶的吻端上方都有一個小小尖尖的鱗片，用來劃破堅韌的蛋殼，蛋齒通常會在第一次蛻皮跟著掉落。劃開蛋殼的過程稱為破殼（pipping）。

破殼之後，小睫角守宮還要花很長一段時間才會露臉，通

我的一小步：睫角守宮破殼而出。

簡單的美好

守宮寶寶的籠子設置得愈簡單愈好，報紙或廚房紙巾是最適合作為幼體的底材，加上一個淺水盆，以及可以攀爬的東西，例如樹枝、竹子、PVC水管或小盆栽，總之不要太浮誇就對了。

常會看到牠只露出頭或嘴巴，坐在那裡好幾個小時，偶爾表現出掙扎的樣子，雖然這是個令人興奮的時刻，但請忍住幫助牠從蛋裡出來的慾望或是去干擾守宮寶寶，這時守宮的臍帶仍然連接著蛋黃，讓牠在出蛋之前吸收剩餘的蛋黃至關重要，如果你急著把牠拉出來，就會打斷吸收蛋黃的過程而導致死亡，有耐心點，從破殼到完全脫離蛋可能會花上好幾個小時到一整天，克制你想確認出蛋進度的衝動，因為持續的打擾反而會拖慢進度。

一旦守宮完全脫離蛋，就是時候將牠安置到新家了。很顯然地，睫角守宮寶寶非常小又脆弱，千萬不要從尾巴提起或是拉住牠們，因為很容易斷掉。最安全的方式是溫柔地哄騙守宮寶寶爬到手上，然後立刻將牠們移到新家。除了必要之外絕對不要觸摸、移動守宮寶寶，安頓在籠子裡之後，要記下出生的日期。

幼體居住

由於幼體的體型非常嬌小，因此牠們的房子不能太大，寵物店賣的用來裝小動物的小塑膠盒是容納一或兩隻幼體的完美選擇，附蓋的小塑膠整理箱或大的透明塑膠果醬瓶打洞之後也能用，10加侖（38公升）水族箱加上紗網蓋可以輕鬆容納十隻幼體幾個月，關鍵在於給予牠們足夠的空間遠離彼此，又不能太遼闊讓這些小動物難以找到食物，籠子越大，守宮寶寶找到小蟋蟀或果泥的機會就越小。確保籠子的蓋子能緊密蓋上，因為這些小守宮能夠從小縫隙擠出去，避免養在植物茂密的生態缸，因為小守宮會消失在叢林裡，變得很難掌握牠們的狀況。

幼體照護

隨時備有一個淺水盆，雖然守宮寶寶似乎比較喜歡喝加濕之後牆上的水滴，但牠們也會從水盆喝水，幼體很容易溺死在太滿的水盆，因此只要水盆裡有淺淺一層水即可。

濕度與良好的通風對於守宮寶寶極為重要，甚至比成體還重要，幼體孵化後很快就會蛻皮，並且比成體更常蛻皮，暴露在乾燥的環境會引發嚴重的蛻皮問題。籠壁應該要每天加濕兩次，環境特別乾燥的話要更頻繁，周遭的相對溼度應該要維持在 75%，良好的通風是為了避免空氣污濁導致黴菌滋生。

睫角守宮和其他多趾虎屬守宮孵化後很快就會蛻皮。

同齡的幼體可以群養，但是要給予足夠的空間讓牠們能遠離彼此，最重要的是群養的幼體必須要是相近的體型，就算室友都是同齡，但是每個個體的生長速率不同，一個月後通常就會出現明顯的體型差異，體型小、成長較慢的個體會搶輸食物，如果發現這種情形，應該要將比較小的個體分離出來放到自己的籠子。如果在成長期間沒有做好體型分類的工作，較小的個體常常會處於緊迫狀態並且體重減輕，不要期待可以把一群守宮從出生就養在一起直到成熟，準備好額外的籠子，容納體型較小的個體。

餵食和營養補充與成體相同，只是幼體需要更頻繁餵食，當然食量也比較小，每天提供果泥或嬰兒副食品混合維生素補充品，少許放在小碟子或紙盤上，給予一個晚上能吃完的量即可，如果放太久容易發霉。記得隔天要把盤子拿出來，殘餘的食物才不會滋生黴菌。睫角守宮寶寶有可能會陷進大團的果泥裡面，如果食物泥卡進腳趾裡，也會干擾攀爬的能力。

每隔一天提供沾營養粉的小蟋蟀，幼體可以輕鬆吃掉四分之一英吋（0.64 公分）的蟋蟀，確保你有一個穩定的蟋蟀供應來源。餵食時只給予守宮幾個小時內能吃完的數量，太多蟋蟀在籠子裡會造成小守宮緊迫，過了一陣子你應該就能掌握每次餵食的蟋蟀和水果量了，才不會有剩菜殘留到隔天。

基因型 vs. 表現型

基因型（genotype）與表現型（phenotype）這兩個詞常在討論動物的選育繁殖時出現，兩個詞意思不同但是有關聯。基因型是生物實際的基因結構，而非外表展現出來的樣子，表現型是生物可見的外觀特徵或生化特徵，由基因和環境因子所決定，所以基因型決定表現型。

選育

自從睫角守宮引進爬蟲圈之後，發展出各式各樣的顏色、花紋以及顏色花紋的組合，有些是隨機出現的，

有些是經由選育繁殖刻意加強某些特徵。新奇有趣的類型持續出現，讓睫角守宮的顏色和花紋品系的未來備受期待。

許多爬蟲動物會經由選育繁殖加強外在特徵，包括玉米蛇、球蟒、豹紋守宮和鬆獅蜥，這些物種幾乎所有可能的顏色和花紋組合都有了，全部的色彩品系名稱清單都比現有的表現型還長了，有些繁殖者常會為與典型顏色僅有一點微小差異的表現取新名字，希望有收藏家以高價購買。

舉例來說，美國不同地區的玉米蛇顏色有相當大的差異，如果將白化（缺乏黑色素）基因引進來自不同地區的數隻玉米蛇，生出的白化子代會有極大的差異，有些身上大部分是深橘紅色帶有白色花紋；有些是偏黃色帶有白色花紋，還有些是白色部分比較少等等，有些人會直接將牠們通稱為白化，並且接受其中各有不同，但其他人則會為了迎合收

火焰品系的背部和側邊有淺色圖案，這隻火焰的顏色特別淺。

此個體用高對比的磚紅色
來形容最適合。

藏家的喜好，為每個變異各自命名，讓爬蟲玩家們為了如何分辨看似相
同的表現型而感到困惑。

　　睫角守宮似乎也走上了同樣的路，新變異如雨後春筍般出現，一般
人不可能跟得上繁殖者和爬蟲玩家取名字的速度，以大麥町來說，應該
會保持不變，除非有人決定要分開描述那些有比較大或較多斑點的個
體。

　　有些繁殖者想儘量保持單純，將睫角守宮的顏色分成兩個類型，第
一種是普通或無紋，顏色通常是黃色到褐色到紅棕色，帶有少量亮色對
比，另一種是火焰品系，守宮的背上和頭上帶有鮮明的亮黃色或橘色線
條，加上側邊的圖案。火焰一般來說比普通類型更受歡迎，因此價錢也
更高。

選育繁殖計畫啟動

為了要進行選育繁殖計畫，你將會需要精確詳細的紀錄，由於幼體一般的顏色表現不太好，因此你需要空間將牠們養大到呈現最終顏色的體型，屆時你也會需要為不符合你標準的守宮找家。

選育繁殖的其中一項危險是近親繁殖，通常繁殖血緣相近的守宮在早期階段不會有什麼問題，但如果沒有定期引入新的基因保持子代的基因多樣性，終究會出現問題。近親繁殖最顯而易見的後果就是畸形，就算外表看起來正常的動物也可能帶有其他不明顯的症狀，包括生育力減弱或是健康不佳。

為了達到最好的效果，你要確保一開始繁殖群的多樣性夠高，挑選身上帶有目標性狀的雌性，越多越好，然後配上你所能找到最完美的雄性，儘量從各種不同的來源取得雌性，雖然人工飼養的睫角守宮全部都是源自一小群祖先，但是互相混合交配似乎能讓今天這些後代的基因保持強壯。一隻雄性可以輕鬆與至少十隻雌性繁殖，因此創造出子代的基因多樣性，留下子代的出身紀錄非常重要，因為你會想要避免同個血系內經常互相繁殖。讓兩隻顏色表現優秀的手足配對，或是讓小孩與親代配對，不太有機會會產生問題，但要注意不要再讓下一代繼續互相繁殖。在計畫裡混合新的基因，稱為遠系繁殖（out-breeding），非常有幫助。

　　由於睫角守宮的變化性，其他人傾向於將普通類型切割成多種顏色，而火焰甚至可以分成更多品系，普通品系分成好幾種，像是鹿皮（buckskin）、橘色、紅色和黃色，硫磺代表特別亮的黃色，巧克力指的是深棕色的個體，非常蒼白的灰棕色稱作月光（moonglow）。

　　火焰裡面的各個名字代表的是花紋中具辨識度的特徵，細直線（pinstripe）是背部紋路有亮色對比的細直線滾邊，形成一對不中斷的線延伸到尾巴基部，哈勒根（Harlequin）是除了背部以外，側邊和腳有大量亮色花紋，雪佛龍（Chevron-back）的背部線條斷開成好幾節，有些個體的花紋（並非全部）讓人聯想到雪佛龍標誌一列一列的樣子，虎紋（tiger）是指背部條紋減少、強調環繞身體的深色帶紋，通常底部也

這隻守宮擁有虎紋和
哈勒根的特徵。

有花紋，後腿的網狀
花紋呈現白黃對比的
顏色。

隨著繁殖者持續交互
配對各種表現型，將會有
更多變異產生，也會隨之出現更多名字，與其在眼花撩亂的品系名稱中
打轉，不如選一個你真正喜歡的顏色。

　　其他爬蟲類中可以看到許多不同的顏色是由於各種基因突變的組合
所造成，例如：白化（amelanism 或 albinism，缺乏黑色素）、少斑
（hypomelanism，黑色素減量）、白變（leucisism，身體雪白、眼睛有
顏色）以及缺紅（anerythrism，缺乏紅色素）。這些隱性性狀只有在親
代雙方都帶有該性狀的基因時，才得以遺傳，就算親代本身不會展現該
性狀。

　　即使目前市面上沒有，仍有可能隨機出現一些討喜的基因突變，一
般來說，像是人工繁殖偶然出現的白化，就是因為兩隻外表正常的動物
帶有白化基因配對產生。雖然所有人工飼養睫角守宮的基因都可以追溯
回為數不多的幾隻祖先，但仍有機會產出一些像是白化這樣的突變，需

要的只是兩隻正確的動物剛好配對在一起，如果產生出任何白化或其他基因突變，起初的價格將會相當高昂。

以加強子代的某個性狀為目標進行選育繁殖非常有趣，基本上，兩隻相似顏色或花紋的守宮繁殖出的後代，很有希望得到相同的性狀，在這些子代之中，選出表現最好的個體進行繁殖，產生的子代表現甚至會更強烈，一旦將該性狀精煉達到你的標準後，就能以同樣的方式引進其他性狀，如果一切照著預期發展，最後將會得到一隻結合各種性狀的守宮。

這就是漂亮的紅色睫角守宮。

這隻會被認為是大麥町睫角守宮，但是牠的斑點比典型的大麥町大很多。

　　雖然新的品系和變異持續出現，但我們仍不清楚是否選育繁殖可以適用於所有性狀。混合顏色和花紋顯然是可行的，然而選育繁殖相似顏色的個體沒辦法保證會得到親代的複製品，子代身上的目標性狀會佔有一定比例，而也會有一部分與親代的顏色和花紋八竿子打不著，考慮到今天大量的變異都是源自一小群個體，一般假設睫角守宮屬於多型性（polymorphic），也就是每個個體都有能力產生多種不同外貌的後代。這絕對不是不鼓勵選育繁殖，因為有些花紋或顏色性狀確實比較容

易以此方法加強。睫角守宮顏色和花紋的基因機制仍不清楚，需要更多系統性的實驗證明，或許結合兩種性狀能獲得意想不到的表現。

　　除了顏色和花紋之外，其他可見的性狀也能以選育繁殖加強，包括有些守宮背部的冠毛不是到中段就消失，而是一路延伸到髖部；另一個可以選育出的性狀是異常寬的冠毛，葉狀的冠毛從頭部兩側往外突出一段距離，形成稜角分明的菱形頭部。這些特色配上亮色冠毛邊緣的性狀，足以成為一個絕佳的繁殖計畫。

人工繁殖的蓋勾亞守宮數量頗多，以有趣的花紋和鮮豔的顏色進行選育已經開始出現成果了。

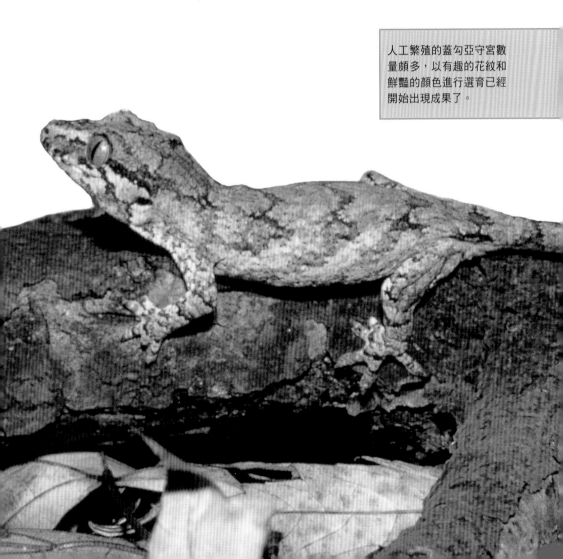

第六章

睫角守宮
的健康

睫角守宮是很強韌的動物，不像其他常見的爬蟲寵物一樣有那麼多健康問題，如果照顧得當，人工飼養的睫角守宮可以活很久，許多常見的健康問題都是疏於照顧引起的，最常見的就是營養不均衡。

找到爬蟲獸醫

要找到受過爬蟲醫療教育的獸醫，搜尋兩棲爬蟲獸醫協會（Association of Reptile and Amphibian Veterinarians）網站的成員清單是個好方法，網址是 www.arav.org，在網站上可以找到距離最近的獸醫，同時也是協會成員，因此具備最新的爬蟲照護知識。兩棲爬蟲獸醫協會致力於利用研究與教育增進爬蟲類的醫療與照顧。如果附近有兩棲爬蟲社團，他們也能推薦獸醫給你。

在問題浮現之前，你應該要先找到附近具備爬蟲經驗的獸醫，可惜擁有正確爬蟲飼養和醫療知識的獸醫寥寥可數，隨著近年來爬蟲類愈來愈熱門而且更多人能接受爬蟲類作為寵物，這個現象正在慢慢改變。有販售爬蟲類的寵物店通常可以推薦獸醫，當然也可以參考附近爬蟲同好的意見。醫療對你的寵物來說可能是生與死的差別，因此值得長途跋涉尋求好的照顧和建議。

由於爬蟲寵物日漸受歡迎，擁有基礎爬蟲類醫療知識的獸醫數量逐漸成長，但要找到經驗豐富的獸醫仍然不容易，許多獸醫還是只專精於傳統寵物，像是犬貓以及其他流行的溫血動物。並非一定要找宣稱自己有治療爬蟲經驗的獸醫，因為他們的經驗可能非常有限，飼主們大量的負面經驗告訴我們，有太多獸醫接收了爬蟲病患，但是卻不知道自己在做什麼，雖然他們的立意良好。只要做足功課，你也能找到學識豐富的獸醫，但就算是專家也無法回答每個問題，而且爬蟲醫學直到現在都沒有受到足夠的重視。

隔離檢疫

所有新來的動物都必須要單獨飼養並且與其他原有的爬蟲分開至少三個月，在分開的房間最理想，隔離中的動物與原有的動物不可共用器材，將隔離的動物排在最後處理，結束後要消毒雙手。

隔離檢疫能防止潛在的傳染性疾病擴散，隔離期間應該要密切關注動物的健康，有些飼主會針對寄生蟲和原生動物進行預防性用藥，驅蟲

劑必須在擁有爬蟲醫療經驗的獸醫指示下使用。

由於全部的寵物睫角守宮都是人工繁殖出來的，因此帶有寄生蟲的可能性大幅降低，然而將這些乾淨的動物與野外捕捉或生病的動物養在一起（或是共用器材）將會大幅提升病原擴散的機會。

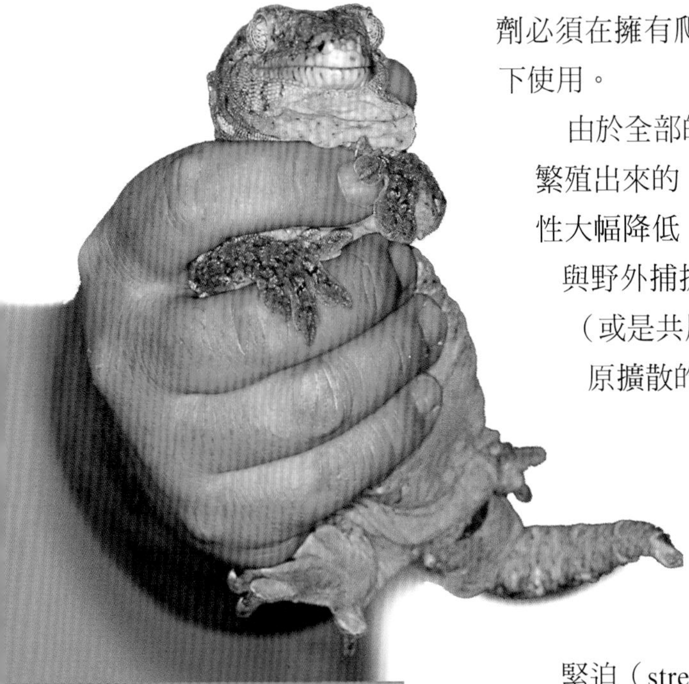

緊迫

跟人類一樣，任何不舒服的事件都有可能造成睫角守宮緊迫（stress）。只要滿足牠們所有的需求，緊迫應該不會是個問題，就算你的守宮可能不會展現出來，但是你應該要預設那些不可避免的行為都會造成一定程度的壓力，身為一個飼主有責任將這些不舒服的時間降至最低，並且讓守宮在健康快樂的環境生活。長時間持續的負面狀態會導致健康問題，例如失去食慾，如果沒有導正的話最終將日漸消瘦而死亡。

有些體內寄生蟲的擴散可能是緊迫所造成，健康的免疫系統一般能將寄生蟲數量壓制在無害的程度，但是受到緊迫的話寄生蟲將會快速增殖並且壓垮動物，若無接受治療將會死亡。

要記得運輸對守宮來說是件壓力極大的事，想想貨運人員是如何亂扔包裹的，還有過程中經歷的溫度和濕度變化，又沒有食物和水。當你收到寄送來的守宮時，應盡速將牠們放進適合的環境，提供喝的水，然後給牠們幾天的時間適應新環境。

不論你的守宮有多冷靜，抓取還是會造成些許緊迫，應該要降至最低。圖中是一隻亞成體巨人守宮。

不要跳過隔離檢疫

由於所有的睫角守宮和多趾虎屬守宮都是人工繁殖的，你會很想跳過隔離檢疫新入手的守宮這個步驟，但是你無法保證該守宮是否接觸過蟎蟲、寄生蟲、病毒或其他病原體。把寵物的安全性擺在第一，隔離檢疫新的守宮。

危險因子

請讓睫角守宮（以及餌料昆蟲）遠離潛在的有毒物質，菸很明顯地對人類有害，對爬蟲類甚至更嚴重，不可在睫角守宮住的房間內使用化學氣體，例如噴霧殺蟲劑和家用清潔劑，使用化學清潔劑清潔籠舍或擺設之後，記得要徹底洗淨殘餘的清潔劑，才不會讓守宮舔到。

確保整個籠子和裡面的擺設是安全的，避免守宮意外受傷。確保籠子裡面沒有銳利的材質，粗糙的毛邊可能會卡住守宮的腳趾或使皮膚產生撕裂傷，鐵絲網或紗網的邊緣很銳利，不可讓守宮接觸到。確認守宮無法直接接觸到燈泡，以及沒有任何電線或電子零件暴露在籠子裡，石頭、漂流木或其他重量重的物件必須要固定好，才不會滾動或倒下砸到，造成守宮受傷甚至死亡。

斷尾

斷尾可能是飼主最常遇到的問題，尾巴很容易在粗魯地把玩時斷掉，而且睫角守宮甚至有能

注意到這隻守宮頭上被室友咬傷的痕跡，大部分的咬痕都在表面，不需要治療。

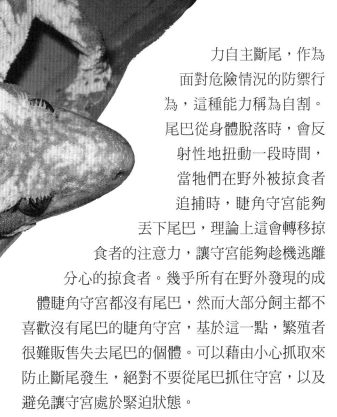

這隻守宮的頭上有個小傷口，去除籠舍裡銳利的邊角可以減少守宮受傷的機會。

力自主斷尾，作為面對危險情況的防禦行為，這種能力稱為自割。尾巴從身體脫落時，會反射性地扭動一段時間，當牠們在野外被掠食者追捕時，睫角守宮能夠丟下尾巴，理論上這會轉移掠食者的注意力，讓守宮能夠趁機逃離分心的掠食者。幾乎所有在野外發現的成體睫角守宮都沒有尾巴，然而大部分飼主都不喜歡沒有尾巴的睫角守宮，基於這一點，繁殖者很難販售失去尾巴的個體。可以藉由小心抓取來防止斷尾發生，絕對不要從尾巴抓住守宮，以及避免讓守宮處於緊迫狀態。

斷尾的守宮通常都能順利康復，只要居住環境保持衛生就不會感染，跟其他蜥蜴不一樣，睫角守宮的尾巴不會再長回來。

外傷

只要籠舍維持乾淨，避免形成容易導致感染的環境，破皮和咬傷這類的外傷通常都能順利康復，密切監控受傷的情形，如果發生感染必須要立即就醫。

常見的健康問題
蛻皮問題

蛻皮障礙（Dysecdysis）是指無法順利脫掉某部分或全部的舊皮，進而造成其他嚴重的問題。睫角守宮的舊皮看起來灰濛濛的，有點皺皺的樣子，舊皮可能會局部剝落，但是很難手動去除。全身都是殘留舊皮

的守宮將會很難進食，直到舊皮移除為止，也可能會看到牠無法自然地行走或是攀爬垂直表面。受蛻皮障礙困擾的守宮若沒有接受治療有可能會死亡。

有時身體的舊皮可以順利脫掉，但是會卡在腳上和腿上，如果沒有及時處理，舊皮會變緊並且束縛住守宮的四肢，阻斷血液流動造成四肢壞死。

蛻皮障礙可能是多種原因所導致，但絕大多數是因為脫水以及環境濕度不足，舊皮也有可能卡在皮膚擦傷、咬傷或燙傷的部位。

治療蛻皮障礙之前要先評估守宮的狀況，如果已經很嚴重了就必須尋求獸醫協助，如果發現得早則可以無痛解決。隔離受感染的守宮在有大量通風孔的小盒子裡，底部鋪上潮濕的水苔或廚房紙巾，待在這樣潮濕的環境數個小時之後應該能

這隻睫角守宮準備要蛻皮了，結束之後要記得檢查有無舊皮殘留在身上。

守宮不健康的指標

如果你的守宮出現以下任何一個現象，可能需要就診，如果你不太確定的話，比起靜觀其變，尋求有爬蟲醫療經驗的獸醫的意見是更好的方式，愈快看獸醫，復原的機會就愈大。

• 拒食——可能是極端溫度所導致
• 眼睛凹陷
• 糞便不正常——拉稀、顏色怪異、臭味太重、有寄生蟲
• 無精打采或是呆滯的——可能是溫度太低所導致
• 體重減輕
• 嘔吐
• 蛻皮障礙——尤其是舊皮纏住腳趾、腳或四肢。
• 無法攀爬或吸附在垂直表面
• 四腳朝天時無法自行翻身

讓乾掉的舊皮軟化，接著就可以手動剝掉，小心地移除腿部和腳趾周圍以及眼睛上覆蓋的舊皮。有時候很難從蛻皮的區域分辨出舊皮，尤其是肚子的部分。小鑷子在移除舊皮時很好用。

脫水

　　脫水通常是因為疏於照顧，有水和正確濕度的守宮絕對不會出現脫水現象，生病或受傷身體虛弱的守宮可能不會尋求水源，因此需要人工提供水分，有些守宮比較偏好添加濕產生的水滴，而非從水盆裡喝水，因此需要觀察你的寵物來調整給水的方式。

骨骼代謝症

　　骨骼代謝症（Metabolic bone disease, MBD）起因於守宮無法正確地利用鈣質，通常發生在營養補充太少或根本沒有，或是營養補充不平

衡。骨骼會脫鈣變軟，讓守宮處於受傷的風險中，患有骨骼代謝症的動物會變得虛弱，移動能力降低，而且身體許多部位會變形。

骨骼代謝症的其中一些症狀包含下顎突出、柔軟彎曲的下顎、無法行走或攀爬，四肢變形以及脊椎或尾巴產生扭結。

當睫角守宮嘴巴上側的兩個鈣囊有儲存鈣質時，會呈現白色，鈣質不足時是空的，看到鈣囊裡有鈣質不代表營養充足，不均衡的營養也可能導致骨骼代謝症。

垂尾症是一種所知甚少的症狀，可能是營養、基因或是行為所影響。

處於骨骼代謝症早期階段的守宮可以藉由正確的營養補充治癒，後期的症狀就需要交給獸醫，情形嚴重的話可能無法復原。

垂尾症

人工飼養的樹棲型蜥蜴長時間頭朝下攀附在垂直表面，會出現垂尾症（Floppy tail syndrome），一種目前所知甚少的症狀，通常頭朝下時，尾巴應該要向上服貼在垂直壁面，但是患有垂尾症的守宮無法保持尾巴向上，尾巴會垂到背上。

一般認為垂尾症歸因於缺乏營養，有些人認為是骨骼代謝症的症狀，但是患有垂尾症的動物可能從來不會出現其他骨骼代謝症的症狀，因此不能全然怪罪於骨骼代謝症，仍需要進一步研究。

有些繁殖者建議讓水平和垂直表面達成平衡以預防垂尾症，如此守宮就不會被迫一直待在垂直的壁面，減輕對尾巴產生的拉力。

脊椎、骨盆或尾巴扭結

這是另一個被認為是骨骼代謝症症狀或是不當營養補充產生的問題，有些守宮天生脊椎、骨盆或尾巴就有扭結，有些則在發育的晚期才出現，有些扭結在守宮長大之前不太容易注意到，有些似乎在守宮接近成年時突然出現。

骨骼扭結可能是骨骼代謝症所導致，但有些守宮不會顯現其他症狀，在進一步研究證實之前，我們需要考慮其他可能性，某些群體缺乏基因多樣性導致近親繁殖，可能造成畸形，例如脊椎扭結。

一旦發現扭結就幾乎無法挽救了，但是該動物還是可以健康地生活，有些甚至能成功繁殖，雖然不建議這麼做，以免近親繁殖真的是扭結的原因，腹部或骨盆扭結的守宮在產蛋時可能會卡住。

挾蛋症

當雌性無法將蛋排出體外時，我們稱此情形為卡蛋，也就是挾蛋症（Egg Binding，又稱為「難產（dystocia）」），卡蛋發生的原因所知甚少，但通常會將原因歸咎於營養不足或缺乏合適的產蛋點。沒有在適當的時間點產下的蛋會在雌性的肚子裡硬化，可以輕易從牠的身體下方摸到。

卡蛋的雌性復原的希望渺茫，一旦蛋硬化了就無法排出，其他種爬蟲類曾有手術移除成功的案例，但是手術的高昂費用令人望之卻步，挾蛋症的雌性還能再活一陣子，但是牠的健康將會每況愈下，預防勝於治療，正確的營養和合適的產蛋巢箱是最好的預防方式。

挾蛋症的雌守宮。給予合適的產蛋地點通常可以預防挾蛋症。

泄殖腔脫垂

脫垂（Prolapse）的定義是器官掉出或滑出應處於的位置，以泄殖腔為例，就是腸道末端的部分掉出泄殖孔。這種狀況可能的原因很多，有些仍不是完全了解。卡蛋的雌性嘗試排出蛋的時候有時會造成泄殖腔脫垂，腹部受傷也可能是原因之一，其他時候則不會有明顯的原因。一旦你的守宮出現此狀況請立即諮詢獸醫。

半陰莖脫垂

雄性睫角守宮偶爾會無法在交配後將其中一個半陰莖收回身體，有時是因為一片蛭石或其他外來物體卡住導致半陰莖無法縮回，其他時候則沒有明顯的原因。

脫垂緊急處理

如果你發現雄性守宮出現半陰莖脫垂，有幾個步驟可以避免更嚴重的傷害或感染，如果看起來脫垂才剛發生，半陰莖還是健康的粉紅色並且沒有腫脹，你可以嘗試利用以下方式把它塞回身體裡：

- 用溫水把半陰莖上面附著的髒東西洗掉，仔細檢查泄殖腔開口是否有可見的外來物體擋住半陰莖縮回，用鑷子小心地移除，如果清潔後半陰莖還是沒有慢慢縮回，請繼續下一步。
- 將水龍頭稍微打開流出一道細細的冷水，讓水流流過半陰莖數分鐘，不要碰到身體其他部分，如果成功的話半陰莖會在過程中緩緩縮回身體裡。
- 有些繁殖者和飼主藉由將半陰莖泡在高濃度冷糖水裡，成功地治療其他種爬蟲類的脫垂，如果前兩種方式不管用的話，不妨試試看。

如果你沒辦法讓半陰莖縮回去，它最後會壞死、變黑然後乾掉，過程只需要幾天，有時到了這個階段才會發現，最好能有合格的獸醫切除半陰莖，越早越好，免除任何不必要的不適並且降低感染的機會。

如果及時發現，有經驗的繁殖者可以將半陰莖按摩回去，這是個難度很高的技巧，也不是每次都有用，要看半陰莖脫垂的時間有多長，常常是半陰莖已經壞死了才發現，就必須交由獸醫切除，這不會妨礙交配，因為守宮還有另一個半陰莖。

嘔吐

粗魯的抓取、進食後溫度急遽變化、體內寄生蟲或是任何緊迫狀態都有可能導致嘔吐發生，如果問題嚴重請尋求獸醫協助。

腹瀉

拉肚子是睫角守宮常見的問題，通常是因為守宮的食物以果泥為主，缺乏蟋蟀或其他食物裡的粗料，雖然有些人不認為拉肚子是個問

題，也成功地繁殖睫角守宮，但是仍然建議提供均衡的蟋蟀和果泥，維持固體的糞便。

不論腹瀉到底是不是一種疾病，糞水在籠壁上乾掉之後超級難清是千真萬確的，固體的糞便很容易撿出籠外，也比較不會影響玻璃的美觀。

骨盆和尾巴扭結的守宮，這個症狀可能是基因或營養所導致。

腸道阻塞

無法消化的大型物體或是小型物體堆積可能會卡在腸道裡，阻擋廢物流通，如果持續卡住的話最終會死亡。睫角守宮撲向蟋蟀的時候偶爾會吃下一口底材，留在孵蛋箱裡超過一天的新生兒也會吃下蛭石，引發致命的腸道阻塞。

如果誤食的物體夠大的話很容易就能發現，只可惜大部分都是在驗屍時才得知死因是腸道阻塞。

由於腸道阻塞診斷出來時都已經來不及了，因此最好盡你所能預防的任何可能，選用夠細的底材，就算誤食也能排出，避免使用顆粒狀的底材，例如卵石或是任何能塞進守宮嘴巴的物體，吃到具有外骨骼厚的昆蟲，例如甲蟲，也可能導致腸道阻塞。雖然健康的成體守宮似乎能順利排出蛭石，但是年輕的幼體沒辦法，尤其不可讓幼體待在充滿珍珠石或蛭石的孵蛋箱裡超過一天，已知牠們會吃下這些底材並且形成阻塞。

體重減輕與消瘦

守宮對於壓力或生病的反應通常是不吃東西,如果問題沒有解決的話體重將會減輕,內寄生蟲也會造成身形消瘦,通常消瘦的第一個徵兆就是髖骨明顯突出以及脖子變細,如果體重減輕的原因還不清楚,例如溫度不正確,請去看獸醫。

肥胖

肥胖通常是不繁殖的、吃太好的動物才會有的問題,仔細監控守宮的體重並且調整餵食頻率避免過胖,繁殖群裡過胖的守宮很有可能無法生產。

細菌感染

所有動物都一樣,任何開放性傷口都有受感染的風險。通常小傷口癒合非常迅速,只要守宮身體健康並且養在乾淨的環境,定期檢查傷口確保沒有任何異狀,必要時協助給予治療。局部抗生素藥膏可以謹慎地用在受感染的傷口,將藥膏塗抹在傷口上,然後輕輕擦去多餘的藥膏,不可濫用抗生素藥膏。

細菌感染也可能發生在內部,這種情形更難診斷,需要讓獸醫評估處理方式。通常內部細菌感染只有在受感染折磨的動物被驗屍的時候才會發現,消化道感染是一個例外。獸醫可以藉由糞便檢驗發現感染,如果你發現守宮無精打采的、體重減輕或是看起來不健康,請儘速就醫。

寄生蟲

與其他常見的寵物蜥蜴相比,睫角守宮的寄生蟲少很多,檢驗寄生蟲的方式是在顯微鏡底下分析新鮮的糞便樣本,這個工作最好交給經驗豐富的獸醫執行。很難遇到完全不帶有任何微生物的糞便樣本,爬蟲類的身體裡居住著一定數量的細菌和原生動物,有些是能幫助消化的益菌,而有些雖然是寄生蟲但也被免疫系統控制在無害的程度。有些沒經驗的獸醫想要處理糞便樣本裡看到的所有微生物,而抗寄生蟲藥劑對身體有害,不正確的用量會造成守宮死亡。有經驗的爬蟲獸醫能夠評估寄

生蟲的危害程度，並且熟悉最佳的治療方式。兩爬醫療領域有許多意見分歧，有必要進行更多研究來了解治療爬蟲類寄生蟲的最佳方式。

原生動物

這些單細胞生物是睫角守宮身上最常見到的寄生蟲，大多數都居住在消化系統裡，用顯微鏡觀察糞便樣本通常就能看到，很少有睫角守宮嚴重受到原生動物侵擾的案例，如果發現到的話，有害的原生動物族群必須要依照獸醫指示以正確的抗寄生蟲藥劑治療。

隱孢子蟲症（Cryptosporidiosis）是一種原生動物——隱孢子蟲（*Cryptosporidium* sp.）所引起的致命疾病。爬蟲類身體裡的隱孢子蟲寄生於消化系統，生命週期的其中一段會將自己包裹在腸道或是胃的內壁裡，大型的感染會嚴重危害這些器官並且中斷消化作用，最後導致死亡。在眾多種類之中，豹紋守宮的飼主尤其害怕隱孢子蟲感染多過於任何其他疾病，豹紋守宮的隱孢子蟲症可能是壓力所引發，雖然相關的研究很少。

有人曾在幾隻睫角守宮身上發現到一種未知的隱孢子蟲（J. Hiduke，私人通訊），但沒有任何一隻守宮曾出現隱孢子蟲症的症狀，此種隱孢子蟲對於睫角守宮到底是不是個嚴重的威脅，還有待更多研究證實。

蟲

人工飼養的蜥蜴有時會在消化道內發現寄生蟲，特別是蟯蟲，雖然有些個體身上偶爾會出現，但是蟲對於睫角守宮來說通常不構成問題，有經驗的獸醫可以從糞便樣本判斷是否有寄生蟲，並且給予驅蟲劑治療。

外部寄生蟲

對於許多種爬蟲類來說，蟎蟲可以是很嚴重的問題，蛇蟎（*Ophionyssus natricis*）是最令人畏懼的外寄生蟲，因為牠們很容易擴

散、難以控制而且
會造成宿主極度不
適甚至死亡。這種
蟎蟲通常寄生蛇類或
其他大型蜥蜴，例如
藍舌蜥。幸好守宮不是
蛇蟎喜歡的宿主，睫角
守宮的飼主不需
要擔心。

　　有少數
幾種蟎蟲會
感染守宮，尤
其是一種紅蟎，
有些蟎蟲不吸血，只
靠死皮維生，有些則是寄
生性的，但是不論如何這些蟎蟲都
不應該存在，用棉花棒沾取植物油擦拭守
宮來去除身上的蟎蟲，蟎蟲通常會聚集在
腋窩這種隱密的地方，蓋勾亞守宮的大腿

睫角守宮壞死的尾巴末端，
可能是傷口感染造成的，一
旦守宮受傷就要密切注意以
免傷口感染。

下方甚至有個「蟎袋」，在野外這種構造為紅蟎提供理想的生存環境，
並且也裝滿了紅蟎，許多其他蜥蜴也有蟎袋，但是功能未知。睫角守宮
是否會受到紅蟎侵襲仍不清楚，但是很有可能會從其他爬蟲類身上傳染
過來。

死亡與安樂死

　　假如你的守宮不幸死亡了，你應該要盡所能找出原因，尤其是你的
其他動物可能暴露在風險中。剛死亡的守宮必須要徹底檢查是否有任何
線索，要注意的包括咬痕、破皮、蛻皮問題、骨折、籠子裡的血跡或血

沙門氏菌和你的守宮

這種細菌感染對於爬蟲飼主的問題比動物本身更大，應該要假定所有爬蟲類和相關用具都是沙門氏菌的潛在來源，事實上大部分爬蟲類體內真的帶有沙門氏菌，而且普遍認為沙門氏菌是有益的—或者至少是無害的——對於動物來說。沙門氏菌由爬蟲類的糞便排出。

人類受感染通常會造成腹瀉和發燒，但有可能變得更嚴重，對於嬰兒以及免疫系統較弱的人來說甚至可能致命。負責任的爬蟲飼主觸碰爬蟲類和器具之後會立刻清潔雙手，絕對不要在處理爬蟲類和相關用具時吃喝東西，讓爬蟲類遠離食材區域。懷孕或哺乳中的媽媽應避免接觸爬蟲類，孩童接觸爬蟲類一定要有成人監看，同時教導如何避免傳染此疾病，不論你的小孩有多愛守宮，絕對不要讓他或她親吻守宮。

便等等，**觸摸腹部是否有硬物**，代表卡蛋或是腸道阻塞，搜尋附近是否有使用任何化學物質。

死亡過後的幾個小時，肚子上通常會出現深藍綠色斑點，看起來像是皮膚被顏料潑到，這些斑點事實上是膽囊流出的膽汁被連接的組織吸收所產生，也是屍體開始分解的初期徵兆，並不是死亡原因。

奄奄一息的守宮躺在籠子地板時，有時嘴巴會一張一合，常常會含著一大口底材，有些飼主看到死去的守宮嘴巴裡含著底材，就直接斷定死因是誤食底材，但通常另有原因。

失去寵物一定很傷心，但是決定將沒有希望康復的動物安樂死更令人難過，患有不治之症的守宮應該要趁牠還沒承受太多不必要的痛苦之前，由獸醫進行人工安樂死，不要嘗試自己執行安樂死，你可能會讓你的寵物更痛苦。

驗屍

　　如果你的寵物離奇死亡，你一定會想知道到底是怎麼回事，尤其是當死亡的守宮與其他蜥蜴住得很近時，牠的鄰居們很可能正暴露在風險中。如果找不到明顯的外在死因，也確定不是因為你自己疏於照顧所造成的，那麼請獸醫進行驗屍將有助於找到死因，驗屍是藉由解剖動物分析牠的內部結構是否有不正常之處以尋找死亡原因。

　　驗屍的對象越新鮮越好，由於你至少要每天檢查守宮的狀況，一旦有個體死亡一定會知道，立刻將牠移出籠子，無法馬上送去給獸醫的話先用密封袋裝起來冷藏，不要放進冷凍，冷凍會破壞細胞結構，造成某些情況下難以診斷，隨著動物開始分解腐爛，找出死因的機率也跟著下降，但是顯著的問題仍然很容易看到，例如腸道阻塞。

　　常常一切看起來都很正常，然而你的獸醫建議取用器官樣本進行組織病理學檢查，以細胞層級檢查病毒、細菌以及其他病原體，雖然要價高昂，但如果你想要保護家裡其他動物的話，確實是很值得的投資。

第七章

其他多趾虎屬守宮

看了睫角守宮有多棒之後，飼主可能會想要繼續收集同屬的其他成員，雖然另外五種守宮不像睫角守宮那麼普及，但有些種類仍會定期出現人工繁殖的個體，當然價格也會比較高昂。

Rhacodactylus auriculatus

　　就是大家所熟知的蓋勾亞守宮，本種是在普及度和價格上僅次於睫角守宮的種類，也是已經精通於飼養睫角守宮的飼主最適合的新寵物。蓋勾亞（gargoyle）指的是牠奇形怪狀的頭，頭頂有奇怪的骨突，有時會使用另一個俗名瘤頭守宮（bumpy-headed gecko），本種許多年來都有少量人工繁殖，幼體和成體體型都與睫角守宮接近，照顧方式幾乎一模一樣。

　　蓋勾亞守宮是在格朗德特爾島南部發現的，本種跟其他多趾虎屬物種相比，棲息在相對乾燥、開放的棲地，牠們似乎偏好由低矮灌木和稀樹組成的區域，牠們也會出現在原生林和天然或人造空地的過渡帶。屬於半樹棲型，平時住在樹木和灌木裡，但也會發現牠們在地面遊蕩或休息。

　　除了頭上的骨突之外，蓋勾亞守宮還有其他地方與睫角守宮不同。蓋勾亞守宮跟親戚們一樣很容易斷尾，但是跟睫角守宮不同，蓋勾亞守宮能夠一次又一次重新長出尾巴，群養時容易爭吵不休，而且繁殖行為常常會造成斷尾，感覺就像打架、粗魯的求偶和斷尾是這種守宮生活的一部分。根

R. auriculatus 因為頭上古怪的骨突被叫做蓋勾亞守宮。

據實驗，再生尾的顏色和細部花紋不是每次都能與原本的尾巴一樣，但遠遠看就像是原本的尾巴，不像睫角守宮，想要一隻完整守宮的飼主不需要擔心蓋勾亞守宮永久失去尾巴。

如同前面提到的，蓋勾亞守宮經常打架，有時可能只是粗魯的求偶行為，通常發生在雌性和雄性之間，雄性是挨打的那一方。一般來說主要受的傷是斷尾，也會有皮膚撕裂傷發生，這類傷口復原快速，通常也不需要任何協助，當然還是有可能感染，但是籠舍保持乾淨和通風可以大幅降低風險。

餵食

雖然可以給予蓋勾亞守宮跟睫角守宮一樣的蟋蟀和果泥，但牠們似乎喜歡蟋蟀多過於水果，餵食排程建議每週二或三次沾粉的蟋蟀，每週一次果泥。

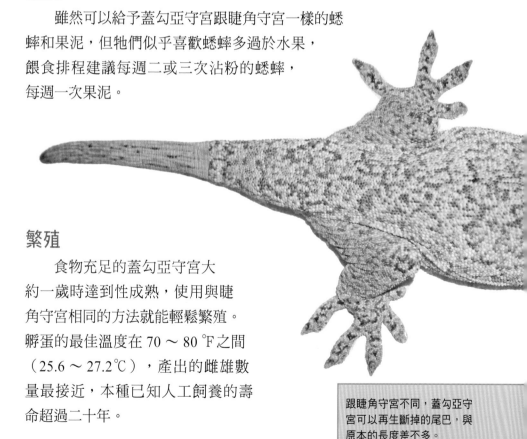

繁殖

食物充足的蓋勾亞守宮大約一歲時達到性成熟，使用與睫角守宮相同的方法就能輕鬆繁殖。孵蛋的最佳溫度在 70 ～ 80 ℉之間（25.6 ～ 27.2℃），產出的雌雄數量最接近，本種已知人工飼養的壽命超過二十年。

跟睫角守宮不同，蓋勾亞守宮可以再生斷掉的尾巴，與原本的長度差不多。

自相殘殺的
蓋勾亞

大隻的蓋勾亞守宮會吃掉比較小的同類，如果你養了一群幼體，應該養在獨立的籠舍，或是也可以養在一起，但發現到有些變得比較大或比較小時將牠們分離出來，雖然其他同屬的守宮也會吃自己的同類，但蓋勾亞守宮更喜歡這麼做。

幼體照顧

跟成體一樣，蓋勾亞守宮幼體和亞成體群養的話也會打架，通常會造成斷尾，而群養也會造成緊迫。比較虛弱的個體打不贏強壯的個體，搶不到食物的情況下發育比較慢，強壯的守宮甚至會吃掉弱小守宮的尾巴，於是發育得更快速，等到最後體型差異夠大時，就能吃掉其他體型小的守宮。為了防止這種情形發生，必須要定期觀察群養的守宮，體型接近的個體養在一起，直到開始出現成長速率的差異，就要把體型小的集合起來自成一籠，那些明顯長很慢、常常斷尾的，或單純看起來不是很好的個體，必須要分離出來住單人房讓牠們可以復原。要確保長得最好以及損失最少的方法是每隻幼體單獨飼養，只是需要的空間就更多了。

顏色與花紋變異

跟睫角守宮一樣，蓋勾亞守宮有多種顏色和花紋可以挑選，基本的顏色有白色、淺灰色、淺褐色到淡黃色，甚至橘紅色，有許多不同基本顏色的結合，新的變異也隨著選育繁殖持續出現。

網紋和雜斑是很常見的圖樣，本身就帶有許多變異，深色網斑覆蓋在淺色背景色是此品系的代表，有時網斑覆蓋全身，而有些濃縮成粗線條或是褪色的線條。此品系總體上的外觀能與粗糙、地衣覆蓋的樹皮完美融合。

直線品系具有沿著背部的條紋，從頭一路延伸到尾巴基部，通常還會有一對從眼睛開始沿著體側的線條，與中央線平行。這些條紋不同程

蓋勾亞守宮（圖中是條紋的幼體）是僅次於睫角守宮最常被繁殖的多趾虎屬守宮。

度的與背景色形成對比，有些守宮甚至背上有粗直線，體側則有些更細緻的條紋。有時橫向條紋會由網紋取代。

無紋品系是指沒有花紋或只在淺底色上有不明顯的花紋，有些特別蒼白的類型被稱為幽靈。

其中一個特別吸引人的品系是鐵鏽橘紅色，出現在網紋品系中會以斑塊和網紋呈現，而在直線品系中則呈現直線。

Rhacodactylus leachianus

巨人守宮是最大型的多趾虎屬守宮，也是現生最大型的守宮。較大的個體全長可超過 15 英吋，但是體型不是固定的，平均比 12 英吋多一點。守宮結實的頭和身體占了總長的四分之三，剩下的四分之一是一條不成比例的尾巴，最大的個體重量超過一磅。巨人守宮分成兩個亞種：*Rhacodactylus leachianus leachianus* 來自格朗德特爾島，*Rhacodactylus leachianus henkeli* 來自位在格朗德特爾島南端松樹島，牠們棲息在原始雨林裡，跟其他多趾虎屬守宮一樣都是樹棲型。

亞種

　　格朗德特爾島上合適
的棲地非常破碎，且彼此之
間的分隔越來越廣闊，孤立區域
裡有限的基因發展出不同的變異。除了顏色和
花紋不同之外，這些品系之間還會有身體某部
位的不同，因此有些品系被視為是亞種。每當指定生物的亞種時總是很
有爭議，因為亞種差異與地區變異常常沒有明確的界線。

　　在已分出的兩個亞種之中，*R. l. leachianus* 體型較大，尾巴的比例
較長，*R. l. leachianus* 又稱為格朗德特爾巨人守宮（Grande Terre giant
gecko），後續的研究可能會再從中分出其他亞種。

　　R. l. henkeli，也就是漢高巨人守宮（Henkel's giant gecko），只分
布在松樹島和其他幾個小島，每個島上的族群都各有不同，因此有些也
被認為是巨人守宮的亞種。

蓋勾亞守宮有漂亮的紅斑，本種守宮常有很多紅色和紅褐色的花紋。

愛講話的大隻佬

巨人守宮的兩個亞種都是多趾虎屬裡面聲音最多的守宮，聲音似
乎是個體間用來溝通的方式，另外也是防禦措施，互相交流時的
聲音是一串急促的咯咯聲，緊迫狀態時會發出哨音，少數情況下會聽到嗥叫聲。

照顧

　　巨人守宮的照顧
方式與睫角守宮大
致上是同個概念，
但是很顯然一切都
要變大，跟睫角守宮
一樣，巨人守宮吃蟋蟀和果
泥，但也會吃大一點的獵物，例如
無毛乳鼠到微毛乳鼠，在野外牠們會吃
小型鳥和其他蜥蜴。籠子至少要 2 英呎
高，但空間總是越大越好，直立型的籠子比
矮胖型的籠子好。

　　躲藏處對於巨人守宮是必須的，在野外牠
們非常依賴樹洞作為遮蔽處和產蛋點。跟其他
守宮種類不一樣，巨人守宮的夫妻關係似乎維
持的相對較久，並且會分享樹洞，喜歡的樹洞會重複使用，人工飼養應
該要提供人造樹洞，可以用樹皮管製作，樹洞必須要固定成直立的或斜
角方向，如果用植物生態缸飼養巨人守宮，要挑選夠強壯的植物才不會
被守宮的重量壓垮。

　　巨人守宮咬人非常痛，但如果經常抓取的話不太會攻擊人，被咬到
可能會破皮，但不會像大守宮咬到的那麼嚴重。

繁殖

　　由於巨人守宮有固定的配偶，因此有必要找到合適的伴侶，當你花
了大量金錢買到兩隻成熟的巨人守宮，但牠們卻不喜歡彼此，毀了你繁
殖守宮的希望，實在很令人沮喪。把兩隻成熟守宮送作堆之後，在接下
來的幾天密切觀察牠們對於對方的反應，如果牠們沒有打架，又整天待
在同一個樹洞裡面，那應該就是雙方能夠和睦相處。

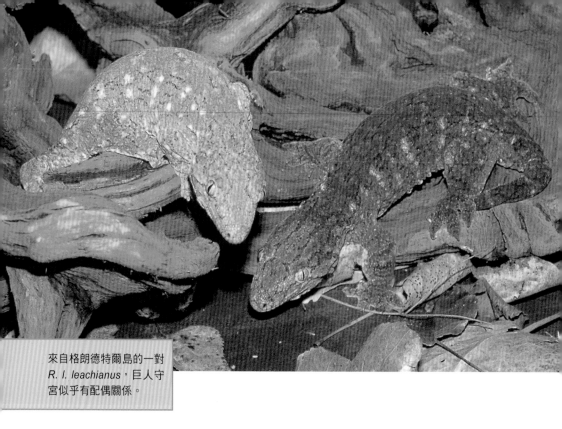

來自格朗德特爾島的一對
R. l. leachianus，巨人守
宮似乎有配偶關係。

　　互看不順眼的異性身上會有許多咬痕，但不要將攻擊的咬痕與求偶時留下的疤痕混為一談，雄性咬住雌性的頭部後方，有時會在脖子上留下痕跡。被拒絕的交配對象無法進入同個樹洞裡，而且會呈現緊迫狀態，一旦你發現守宮明顯地不被交配對象接受時，就要將牠分隔到獨立的籠子靜養。不建議在同個籠子裡嘗試用多隻雌性配對一隻雄性，除非籠子非常大，而且有大量人造樹洞分散在不同區域。

　　由於在野外這些守宮會將蛋產在樹洞裡，因此必須要提供產蛋點，一截樹皮管立在裝有潮濕蛭石的圓型塑膠容器上就是很好的產蛋點了，深的桶子或其他容器也行得通，也有些個體能接受附蓋的塑膠盒，要在蓋子上切割出入口。

　　跟瞼角守宮一樣，有些飼主喜歡在冬季期間提供一段休眠期，溫度可以下降至 70 ℉（21.1℃）左右，暫時降至 60 ℉（16.7℃）附近是可以接受的，冷卻休眠期不是刺激繁殖的必要條件，但還是建議這麼做。

巨人守宮繁殖季期間可以產下好幾窩蛋，跟所有卵生的多趾虎屬守宮一樣，每窩通常有兩顆蛋，假設雌性獲得的食物充足、營養補充正確，一次繁殖季至少可以期待有四窩蛋。有時雌性產蛋後會兇巴巴地保護牠的巢穴好幾天，孵蛋方式跟睫角守宮一樣，孵化時間也大同小異。

就算是巨人也有小時候，人工繁殖的巨人守宮看起來正在增加。

幼體照顧

幼體可以吃跟成體一樣的食物，也就是果泥和適當大小的蟋蟀，跟大部分守宮一樣，群養的幼體需要定期監控細微的體型差異，無法與強壯個體競爭的小守宮很容易產生緊迫，進而影響健康，如果問題發現得早，較虛弱的守宮就能集中放進自己的籠子裡復原，應該要每周檢查一次，維持同個籠子內小守宮的體型一致性，直到成年。

守宮寶寶剛出生時全長大約 4.5 英吋（11.4 公分），但根據亞種會有所不同，不同於其他多趾虎屬守宮，就算食物充足，巨人守宮達到成熟的時間還是很長，從兩年到四年都有可能，根據你養的種類而不同。成熟的雄性可以用半陰莖隆起來判斷，而有些雌性巨人守宮也有球狀的尾巴基部，可能被誤認為半陰莖隆起。

物種比較

多趾虎屬（*Rhacodactylus*）的成員之間有很多相似處，但都有自己獨特的外表、飼養需求、價格和稀有性，有些比較適合新手入門，而有些的缺點讓牠們比較適合進階玩家，當你在挑選多趾虎屬守宮當作下一隻寵物時，利用以下的物種比較表格幫助你做決定：

Rhacodactylus auriculatus 蓋勾亞守宮	優點：在價錢、普及度、顏色變異、飼養和繁殖難易度僅次於睫角守宮。 缺點：群養時較有攻擊性，咬人很痛。
Rhacodactylus leachianus 巨人守宮	優點：嚇死人的體型，顏色和外表多樣化。 缺點：貴、成長速度慢、咬人很痛、需要大籠子、繁殖困難。
Rhacodactylus sarasinorum 薩拉辛守宮	優點：跟其他常見的種類不同，本種斷尾可以再生，顏色多變。 缺點：不易取得、貴、移動速度快。
Rhacodactylus chahoua 魔物守宮	優點：不像其他種那麼容易斷尾，尾巴可以再生（但不會達到原本的大小），高度多樣的顏色和花紋。 缺點：不易取得又貴，蛋難以孵化。
Rhacodactylus trachyrhynchus 粗吻巨人守宮	優點：照顧和繁殖方式類似睫角守宮，產下小守宮的方式很有趣。 缺點：不易取得又貴，每年只能產下兩隻寶寶，不像其他守宮能產下好幾窩。

有些薩拉辛守宮看起來很像印尼和東南亞常見的白紋守宮。

Rhacodactylus sarasinorum

本種的俗名是薩拉辛守宮,只在格朗德特爾島南部找得到,牠們居住在高聳的雨林樹木上層,長度可超過 10 英吋(25.4 公分),是多趾虎守宮屬裡面外表最符合一般大眾對守宮印象的成員,事實上其中一種顏色變異與白紋守宮(Gekko vittatus)長得非常像。

與所有的多趾虎屬守宮一樣,薩拉辛守宮的顏色和花紋也非常多變,但是不必然有其他種類那樣大量的變異,通常底色呈現紅棕色到褐色到黃褐色,有些個體身上有顏色較深或較淺的雜斑,而有些比較單調的個體身上有白點,另一種形式是一對白線從眼睛往斜後方延伸到脖子,在肩膀匯合,形成白色的 V 形圖案。

薩拉辛守宮比同屬的其他成員更迅捷而且難以捉摸,極少斷尾,不過就算斷了也會重新長出來,照顧和繁殖方式都與先前敘述的睫角守宮相同。

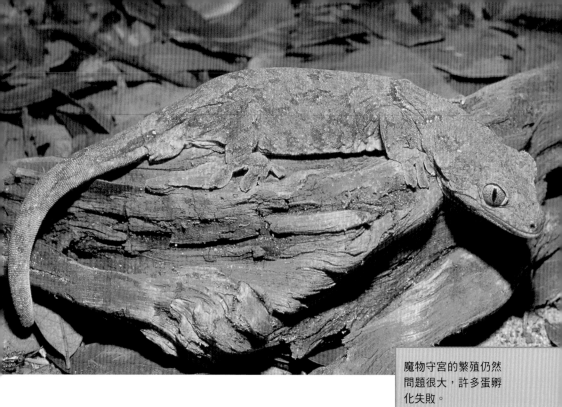

魔物守宮的繁殖仍然問題很大，許多蛋孵化失敗。

Rhacodactylus chahoua

本種稱為魔物守宮（mossy giant gecko），在格朗德特爾島和松樹島發現，就像名字所述的（moss＝苔蘚），身上的顏色讓牠們能有效的融入雨林中樹幹和枝條上的苔蘚和地衣。牠們的花紋和顏色非常多變，通常帶有綠色、褐色、紅鏽色以及灰綠色、地衣色，但總是都有雜色或條紋的迷彩偽裝。全長可達大約 10 英吋。

照顧和繁殖需求與睫角守宮接近，照顧良好的幼體一年就能達到成熟體型，跟睫角守宮一樣，雌性在繁殖季期間可以產下好幾窩蛋。跟其他種類不一樣的是，牠們的蛋通常不會埋起來，而且有鈣化程度更高的蛋殼，這造成守宮寶寶有時無法順利破開厚的蛋殼，如果沒有及時救援可能造成幼體死在蛋裡面。

魔物守宮不會像其他種類那樣容易斷尾，如果斷尾了，再生尾也很難達到原本的大小。

Rhacodactylus trachyrhynchus

粗吻巨人守宮（rough-snouted gecko）的名字來自從鼻子延伸到眼睛中央的區域有大顆的圓蓋型鱗片，有兩種已確認的亞種：*R. trachyrhynchus trachyrhynchus* 出現在格朗德特爾島南部，在

粗吻巨人守宮是少數幾種直接產下小寶寶而非產蛋的守宮。

兩個亞種中體型較大的，全長達到 12 英吋，另一個亞種 *R. trachyrhynchus trachycephalus* 是位在松樹島鄰近島嶼上的孤立族群，全長可達 9 英吋。

本種有許多特點是在其他多趾虎屬守宮身上找不到的。魔物守宮是胎生的，每年一次直接產下兩隻小守宮。牠們似乎很喜歡水，會自願泡在水盆裡。魔物守宮也會發出聲音，群養的時候常常鳴叫。

除了雄性可以看到明顯的半陰莖隆起之外，顏色通常也可以用來判斷性別。雄性一般是暗褐色帶有淺色斑點沿著背部排成兩列，雌性的底色比較淺，斑點比較小。但顏色變化很大，所以不應該當作絕對的性別辨識指標。有些個體全身布滿微弱的深色線條或斑點。

本種人工飼養個體非常罕見，但確實有些繁殖者致力於繁殖兩個亞種，餵食、居住及其他人工飼養的觀念都接近睫角守宮，提供一個夠大的水盆，讓這種愛水的守宮能整隻泡進去。如果沒有提供躲藏點，粗吻巨人守宮會處於緊迫狀態，有些個體似乎喜歡曬太陽，尤其是懷孕的媽媽。守宮寶寶出生之後，要移出媽媽的籠子避免被吃掉。

參考文獻

De Vosjoli, P., and Fast, F., and Repashy, A. 2003.
Rhacodactylus: The Complete Guide to Their Selection and Care.
Vista: Advanced Visions, Inc.

Seipp, R., and Henkel, F.W. 2000.
Rhacodactylus: Biology, Natural History, and Husbandry.
Frankfurt: Edition Chimaira.

圖片來源：

瑪麗安・培根（Marian Bacon）：8 和原書封面
R.D. 巴雷特（R. D. Bartlett）：14、18（下）、41、113、116、120
艾倫・包斯（Allen Both）：4、6、12、21、26、52、108、110
蘇珊・L. 柯林斯（Suzanne L. Collins）：18（上）
保羅・弗里德（Paul Freed）：10、93、117、119
詹姆斯・E. 傑哈德（James E.Gerholdt）：58、114
S. 麥克恩（S. McKeown）：11、115、121
G. & C. 梅克（G. and C. Merker）：49、53
馬克・史密斯（Mark Smith）：3

其餘照片皆由作者提供

國家圖書館出版品預行編目資料

睫角守宮：飼養環境、餵食、繁殖、健康照護一本
通！/ 亞當‧布雷克（Adam Black）著 ; 蔣尚恩譯 .
-- 初版 . -- 臺中市 : 晨星 , 2019.12
面 ；　公分 . -- (寵物館 ; 86)

譯自 : Complete herp care Crested Geckos

ISBN 978-986-443-930-0（平裝）

1. 爬蟲類　2. 寵物飼養

437.39　　　　　　　　　　　　　108014015

寵物館 86

睫角守宮：
飼養環境、餵食、繁殖、健康照護一本通！

作者	亞當‧布雷克（Adam Black）
譯者	蔣尚恩
編輯	邱韻臻
美術設計	黃偵瑜
封面設計	言忍巾貞工作室

掃瞄 QRcode，
填寫線上回函！

創辦人	陳銘民
發行所	晨星出版有限公司
	407 台中市西屯區工業 30 路 1 號 1 樓
	TEL：04-23595820　FAX：04-23550581
	行政院新聞局局版台業字第 2500 號
法律顧問	陳思成律師
初版	西元 2019 年 12 月 25 日
再版	西元 2024 年 05 月 15 日（三刷）

讀者服務專線	TEL：02-23672044 / 04-23595819#212
	FAX：02-23635741 / 04-23595493
	E-mail：service@morningstar.com.tw
晨星網路書店	http：//www.morningstar.com.tw
郵政劃撥	15060393（知己圖書股份有限公司）
印刷	上好印刷股份有限公司

定價380元
ISBN 978-986-443-930-0

Complete Herp Care Crested Geckos
Published by TFH Publications, Inc.
© 2006 TFH Publications, Inc.
All rights reserved.